Gerhard Kastreuz

MANAGEMENT VON QUALITÄT UND ZUVERLÄSSIGKEIT IM EINKAUF

Qualitäts- und Zuverlässigkeitsmanagement
herausgegeben von Franz J. Brunner

Gerhard Kastreuz

MANAGEMENT VON QUALITÄT UND ZUVERLÄSSIGKEIT IM EINKAUF

Mit 31 Bildern

Die Deutsche Bibliothek – CIP-Einheitsaufnahme

Kastreuz, Gerhard:
Management von Qualitat und Zuverlässigkeit im Einkauf /
Gerhard Kastreuz – Braunschweig; Wiesbaden Vieweg,
1994
(Qualitats- und Zuverlassigkeitsmanagement)
ISBN-13: 978-3-322-84997-7

Qualitäts- und Zuverlässigkeitsmanagement
Exposés oder Manuskripte zu dieser Reihe werden zur Beratung erbeten
unter der Adresse: Verlag Vieweg, Postfach 58 29, D-65048 Wiesbaden

Herausgeber:
Univ.-Doz. Dipl.-Ing. Dr. techn. Franz J. Brunner, Direktor i.R.,
Qualitäts- und Zuverlässigkeitstechnik der IVECO-FIAT,
Dozent für Qualitäts- und Zuverlässigkeitsmanagement an
der TU Wien und FH Ulm.

Autoren:
Dipl.-Ing. Dr. Gerhard Kastreuz
Hilti Aktiengesellschaft
FL-9494 Schaan

Der Verlag Vieweg ist ein Unternehmen der Verlagsgruppe Bertelsmann International

Gedruckt auf saurefreiem Papier

ISBN-13: 978-3-322-84997-7 e-ISBN-13: 978-3-322-84996-0
DOI: 10.1007/ 978-3-322-84996-0

Vorwort

Dieses Buch entstand auf Anregung des Herausgebers dieser Buchreihe, Herrn F. J. Brunner. Ich bin ihm zu Dank verpflichtet für das Vertrauen, das er in mich damit gesetzt hat.

Das Buch befaßt sich mit der Qualitäts- und Zuverlässigkeitssicherung im Zukauf als Schnittstellenaufgabe zwischen zwei Unternehmen. In den Abschnitten 2 bis 6 werden die Grundlagen der Qualitäts- und Zuverlässigkeitssicherung behandelt, soweit sie für das Verständnis der Abschnitte 8 bis 11 notwendig sind, in denen die Herausforderungen und ihre praktische Lösung enthalten sind. Der Abschnitt 7 betrachtet die betriebswirtschaftliche Seite der Make-or-Buy-Entscheidung.

Das Buch wendet sich vom Inhalt her an Studenten von Fachhochschulen und technischen Universitäten zur Einführung in dieses Thema. Ebenso ist es für Entwicklungs-, Projekt- und Qualitätsingenieure, sowie für technische Einkäufer gedacht, die ihren Wissens- und Erfahrungsstand vertiefen wollen. Schließlich soll es auch Führungskräften im technisch-wirtschaftlichen Bereich eine Übersicht zu diesem Thema bieten. Obwohl dieses Buch fast zur Gänze aus der Sicht der Beschaffung (des Kunden) geschrieben ist, liefert es auch den Herstellern und Lieferanten Hinweise, wie sie ihre Aktivitäten zu planen und durchzuführen haben, um die Anforderungen zu erfüllen.

Es mag überraschen, daß dieses Buch auch Führungskräfte zu erreichen versucht, die vielfach in den Unternehmen eine Hierarchieebene über dem Qualitätsgeschehen angesiedelt sind. Gründe dafür sind,

- daß dieser Personenkreis direkt durch Entscheidungen, indirekt durch sein Verhalten, das Qualitätsklima mehr beeinflußt, als es ihm vielfach bewußt ist,
- daß er durch Personalauswahl und technische Ausrüstung die Innovations- und Qualitätsfähigkeit des Unternehmens bestimmt.

Dieses Buch versucht, auch diesem Personenkreis jenes Grundwissen zu vermitteln, das er braucht, um im Rahmen seiner Führungsverantwortung auch die Qualitätsmanagementvorgänge in Projekten beurteilen zu können und auch treffende Fragen dazu stellen zu können.

Die Beispiele und Abläufe aus der Praxis beruhen auf mehrjähriger Erfahrungen in der deutschen Automobilindustrie und in der liechtensteinischen HILTI AG, in der ich die Möglichkeit hatte und habe, die Erfahrungen zu sammeln, sowie die Abläufe und Lösungswege zu erarbeiten und anzuwenden. Hier möchte ich besonders für die Förderung durch Herrn Prof. Dr. D. Seghezzi danken.

Feldkirch, im März 1994 G. Kastreuz

Inhaltsverzeichnis

Anhänge

1 Einleitung

Selten haben Bücher bei ihrem Erscheinen in ähnlicher Weise Aufsehen erregt wie das Buch der amerikanischen Autoren Womack / Jones / Roos "Die zweite Revolution in der Autoindustrie"/1-1/. Es beschreibt den Übergang von der teil- oder vollautomatisierten Massenproduktion mit extremer Arbeitsteilung zu einer flexiblen und wirtschaftlichen Klein- und Mittelserienfertigung, und es beschreibt die Änderung der Unternehmensorganisation zu kleinen überschaubaren Gruppen und zu flachen, schlanken Hierarchien. Die Vorteile sind bekannt: **Schnelligkeit und Flexibilität.**

Die wichtigsten Mittel dazu sind ein systematisch durchdachter Einsatz von EDV und verschiedenster CAx-Techniken, sowie die teilweise Verlagerung von Entwicklung und Herstellung zu Zulieferanten. Dadurch kann auf ihr Know-how zurückgegriffen und ihre Anlagen können intensiver genutzt werden. Es ist also ein Prozeß, der beiden Seiten Vorteile bietet und für das Überleben beider Partner im internationalen Wettbewerb notwendig ist.

Die von den amerikanischen Autoren beschriebenen Veränderungen werden durch die Beseitigung sämtlicher Handelshemmnisse innerhalb der EG, ihre Erweiterung zum EWR und die technologische Weiterentwicklung in den Schwellenländern (vor allem in Ostasien) stark beschleunigt.

Als Folge dieser Wettbewerbsverschärfung haben sich die Produkt-Lebenszyklen verkürzt, und der möglichst frühe Zeitpunkt der Einführung von Innovationen hat so sehr an Bedeutung zugenommen, daß er für manche Unternehmen schon fast überlebenswichtig geworden ist. Man spricht in diesem Zusammenhang von dem **Zeitwettbewerb** der Unternehmen. Wer sein Produkt später auf den Markt bringt, ist nicht mehr der erste. Die Gestaltung des Marktsegments oder der Marktnische haben bereits andere begonnen. Ja bereits der Zweite muß über einen reduzierten Preis oder erhöhte Qualität (mehr Leistung, zusätzliche Funktionen oder erhöhte Zuverlässigkeit) mit dem Ersten in Wettbewerb treten.

Verschärfend tritt noch der **Kostenwettbewerb** hinzu, welcher eine Erweiterung der Entwicklungsabteilungen und des Produktions-Engineering als Werkzeuge im Zeitwettbewerb nicht zuläßt oder zumindest einschränkt.

Als **Auswege** bieten sich hier an:

- Schnelles Erfassen der Kundenwünsche
- Schnelle Entwicklung neuer Produkte durch das Anwenden des Baugruppen-Prinzips (Modular design).
- Abkehr von starren Einzweck-Automaten zu flexibel programmierbaren und flexibel arbeitenden Automaten (Roboter).

Diese Veränderungen sind noch durch zwei weitere, wichtige Faktoren überlagert.

- Durch den Einsatz von Computern mit nahezu beliebig vielen CAx-Techniken können viele Tätigkeiten systematisiert und wesentlich schneller als bisher abgewickelt werden.
- Zunehmende Verlagerung zu Zulieferbetrieben von Entwicklung und Fertigung vollständiger Produkte, welche als Zubehör zu den eigenen Produkten oder zur Programmabrundung benötigt werden, und zunehmende Beschaf-

Baugruppen oder von Bauteilen, welche in die eigenen Produkte integriert werden.

Diese Auswege sind nichts Neues, sie wurden schon in der Vergangenheit genutzt Neu ist nur der Zwang von außen durch den Wettbewerb, die Synergien durch Beschaffung mehr als bisher zu nutzen und somit den Anteil der Eigenfertigung an der Wertschöpfung zu reduzieren. Galt bisher (stark vereinfachend) die Regel

"Kaufe das zu, wovon Du nichts verstehst oder wo die Stückzahlen zu klein sind.",

so wird heute immer mehr folgende Abwandlung zur Richtschnur des Handelns.

"Entwickle und fertige nur mehr das selbst, was Du deutlich besser oder deutlich billiger kannst als der Wettbewerb oder potentielle Zulieferer. Beim Rest nutze das Know-how von Zulieferern und reduziere dadurch die Entwicklungskosten. Reduziere außerdem die Herstellkosten durch spezialisierte Herstellverfahren und verbesserte Anlagennutzung in den Zulieferbetrieben."

Das bedeutet nichts anderes, als daß die Fertigung und mitunter auch die Entwicklung nach außen delegiert werden. Wenn man bisher solche Aufgaben intern an ganze Bereiche delegiert hat, wieso sollte man diese Aufgaben nicht nach außen delegieren? Dadurch müssen mitunter erhöhte Risiken eingegangen werden gegenüber der Eigenfertigung und Eigenentwicklung. Sind diese Risiken als Hindernisse oder als lösbare Herausforderungen zu bewerten? Vor allem die japanische Automobilindustrie /1-1/, aber auch die europäische Automobilindustrie haben bereits gezeigt, daß dies möglich ist. Man muß es nur konsequent anpacken!

Literatur

1-1 Womack / Jones / Roos, Die zweite Revolution in der Autoindustrie, Campus-Verlag, Frankfurt, 1991

2 Grundlagen der Qualitäts- und Zuverlässigkeitssicherung

2.1 Definition der Qualität

Der Gebrauch des Wortes "Qualität" erfordert Vorsicht, denn hinter diesem Wort verbergen sich zwei unterschiedliche Begriffe, welche trotzdem miteinander zusammenhängen:

a) In der technischen Qualitätslehre versteht man unter Qualität **die Gesamtheit aller Eigenschaften und Merkmale**, mit denen die Anforderungen an ein Produkt oder an eine Tätigkeit beschrieben sind und die einzeln und in ihrer Gesamtheit zu erfüllen sind. Diese Definition ist international üblich und hat auch in Normen Eingang gefunden

   In diesem Buch wird das Wort Qualität in diesem Sinn verwendet.

b) In der täglichen Umgangssprache wird dagegen das Wort Qualität wertend verwendet, im Sinne von hochwertiger Qualität im Gegensatz zu minderwertiger Qualität. Unter "Qualitätsprodukten" versteht man etwas Hoherwertiges. Exakterweise müßte man von hochwertigen Produkten sprechen, deren Qualität hohe Anforderungen erfüllt, im Gegensatz zu minderwertigen Produkten, deren Qualität nur niedrige Anforderungen erfüllt

2.2 Kenngrößen der Qualität

Wenn also unter Qualität eine Gesamtheit von Eigenschaften und Merkmalen verstanden wird, dann folgt daraus die Notwendigkeit, diese Eigenschaften aufzulisten, zu beschreiben und zu bewerten nach dem Nutzwert für den Kunden, beispielsweise nach dem **Kano-Modell**:

Basisanforderungen	Die Erfüllung ist ein MUSS! Die Erfüllung von solchen Basisanforderungen ist im Wettbewerb unbedingt erforderlich, Produkte ohne Erfüllung von Basisanforderungen haben keine Chance.
Lineare Anforderungen	Die Erfüllung bringt Vorteile im Wettbewerb. Der Kunde fragt danach.
Begeisterungs-Features	Voraussetzung für die Marktführerschaft. Die Erfüllung bringt wesentliche Vorteile im Wettbewerb. Die Nicht-Erfüllung bringt noch keine wesentlichen Nachteile.

Es liegt im Wesen des Wettbewerbs in einer Marktwirtschaft, daß mit der Zeit Begeisterungs-Features sich in lineare Anforderungen und schließlich in Basisanforderungen verwandeln, sobald alle Produkte am Markt sie erfullen und anbieten. In Tabelle 2-1 sind dafur zwei Beispiele gezeigt:

Produkt / Merkmal	Spiegelreflexkamera mit Autofokus	Trackball im Notebook-Computer eingebaut. Eine externe Maus ist uberflussig
Begeisterungs-Feature	1985	1992
Lineare Anforderung	1987	1993
Basisanforderung	ab etwa 1989 bis 1990	ab etwa 1995 (?)

Tab. 2-1: Beispiele fur die Umwandlung von Begeisterungs-Features in Basisanforderungen nach dem Kano-Modell durch das Aufholen der Wettbewerber

Die Anforderungen an das Produkt sind aus dem Blickwinkel des Kunden zu beschreiben als **Sollzustände**, denen man spater die **Istzustände** gegenuberstellen kann. Die Beschreibung der Eigenschaften ist ihrem Charakter anzupassen, damit spater der Vergleich mit den Istzustanden sachgerecht erfolgen kann. Hier erscheint folgende Einteilung zweckmaßig, welche an zwei Beispielen erlautert werden soll:

a) Rasierapparat

Ja-Nein-Eigenschaften:	Von 230 V auf 110 V umschaltbar
Meßbare Eigenschaften	Leistungsaufnahme, Gerauschpegel
Nicht meßbare Eigenschaften.	Design, Gute des Rasierergebnisses, Handlichkeit

b) Selbstbohrschraube nach DIN 7504

Ja-Nein-Eigenschaften:	Rostfreier Stahl oder Einsatzstahl
Meßbare Eigenschaften:	Alle in den Normen definierten Merkmale, wie Maße, Harte usw.
Nicht meßbare Eigenschaften.	Verlaufen der Bohrspitze beim Ansetzen

Ja-Nein-Eigenschaften und meßbare Eigenschaften sind im Sinne der Qualitatssicherung relativ einfach zu behandeln; die Sollzustände sind definiert, der Istzustand kann gemessen werden, die Situation ist transparent und mit den Mitteln der Physik und der technischen Statistik beherrschbar, wenn man vorerst die Chancen und Moglichkeiten der technischen Realisierung außer Acht läßt

Die beiden Beispiele zeigen aber, daß leider haufig nicht meßbare Eigenschaften so wichtig sind, daß nach Auswegen gesucht werden muß:

Bewertung des Istzustandes anhand der Aussagen und Beobachtungen von Versuchspersonen (relativ ungenau) oder verbessert ..

durch Reihung verschiedener ahnlicher Produkte des Wettbewerbs

Entwicklung einer geeigneten Versuchstechnik fur "nicht meßbare" Eigenschaften, was dann eine Komponente des Know-how-Vorsprungs eines Unternehmens sein kann. So konnen beispielsweise gute Rasierapparate-Entwickler auch die Gute des Rasierergebnisses messen.

Ersetzen von nicht meßbaren Kundenanforderungen durch ein oder mehrere meßbare technische Merkmale im Sinne von QFD (siehe Abschnitt 3.7).

Da die beiden letzten Varianten die besten sind, sollten sie in der Praxis auch nach Möglichkeit angestrebt werden. Wenn dies mit angemessenem Aufwand nicht möglich sein sollte, ist Methode der Reihung einer rein subjektiven Wertung vorzuziehen.

2.3 Planung von Qualitätsprüfungen

Bei der Planung von Qualitätstests muß beachtet werden, ob eine Ja-Nein-Eigenschaft, eine meßbare oder eine nicht meßbare Eigenschaft nach Abschnitt 2.2 vorliegt. Zusätzlich ist bei meßbaren Eigenschaften zu beachten, ob der Sollwert fest vorgegeben ist oder durch ein Referenzprodukt definiert ist.

Charakter der Eigenschaft	Sollwert-Vorgabe	Testplanung im Abschnitt
Meßbar	durch Absolutwert	2.3.1
Meßbar	durch Referenzprodukt	2 3.2
Nicht meßbar	durch Referenzprodukt(e)	2.3.3

Vor Beginn der Versuchsplanung muß man sich zuerst bewußt werden, daß jedes Ergebnis auch von der Entnahme der Stichprobe abhängt. Man setzt häufig voraus, daß die Stichprobe repräsentativ fur die Serie oder für einen vorliegenden Produktionsauftrag ist, ohne sich bewußt zu sein, daß auch eine repräsentative Stichprobe dem Zufall unterworfen ist. Sie kann besser oder schlechter als der Seriendurchschnitt sein.

Aus diesem Grund ist es zweckmäßig, zuerst festzulegen, wofür die Anforderungen gelten sollen

für die Serie bzw. einen ganzen Produktionsauftrag
oder nur
für die Stichprobe.

In der Regel meint man, daß die Anforderungen für die Serie gelten sollen, ohne das klar auszusprechen, und die Anforderungen werden ohne Anpassung auf die Prototypen oder auf eine Stichprobe aus der Nullserie übertragen. Wie wirkt sich das aus?

Wenn die Serie besser als die Stichprobe ist, hat man Glück gehabt. Was aber, wenn es umgekehrt ist? Was kann man tun, um sich vor solchen "Überraschungen" zu bewahren? Wie häufig, mit welcher Wahrscheinlichkeit muß man rechnen, daß die Serie schlechter ist als die Stichprobe? Diese Fragen sollen anhand eines Beispiels untersucht werden:

Ein Qualitätsmerkmal soll an mehreren vorliegenden Exemplaren eines Produkts untersucht werden, und der aus den Meßwerten errechnete Mittelwert soll besser (d.h.

größer oder kleiner) als ein Sollwert sein. Dies ist die häufig vorkommende Entscheidungssituation am Entwicklungsabschluß, ob die Nullserie gestartet werden soll, oder nach Fertigung der Nullserie, ob und welche Verbesserungen noch notwendig sind.

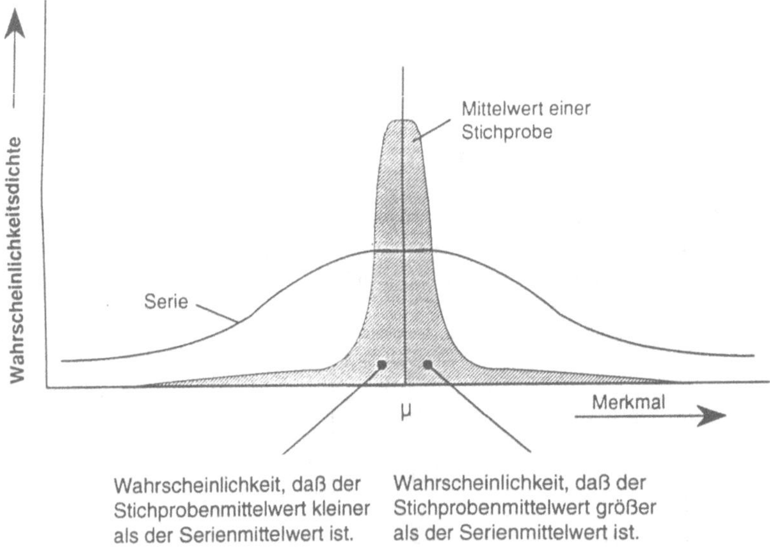

Bild 2-1: Wahrscheinlichkeitsdichte eines Merkmals in der Grundgesamtheit und Wahrscheinlichkeitsdichte des Mittelwerts einer Stichprobe

Bild 2-1 zeigt, daß Stichproben-Mittelwerte um den Serienmittelwert am häufigsten sind, und aufgrund der Symmetrie der Wahrscheinlichkeitsdichte jeweils die Hälfte der gezogenen Stichproben Mittelwerte liefern, welche besser oder schlechter als der Serienmittelwert sind. Diese Aussage kann man auch umkehren, daß nämlich in 50 % der Falle die Serie besser oder schlechter als die Stichprobe ist. Wenn man nun - wie es leider häufig geschieht - als Annahmekriterium festlegt, daß der Stichproben-Mittelwert besser als der Sollwert der Serie sein soll, akzeptiert man in 50 % der Fälle Produkte unter dem Soll. Folglich hat man hier die gleiche Sicherheit der richtigen Entscheidung, wenn man mit einem Würfel gerade Zahlen (2, 4 oder 6) wurfeln will! Und Würfeln ist billiger als Messen und Prüfen!

Als Problemlösung bietet sich also hier an, daß man auch für solche Entscheidungssituationen Annahme- und Rückweisungskriterien festlegt, wie es in der Qualitätsprüfung in der Fertigung nach Stichprobenplänen üblich ist. Folglich würde zwischen Stichproben-Mittelwert und dem vorgegebenen Serienmittelwert ein Sicherheitsabstand zu legen sein. Je größer er gewählt würde, um so geringer wäre dann das Risiko einer Fehlentscheidung. Die Kehrseite dieses Vorgehens ware dann die Forderung nach höheren Entwicklungs- und Fertigungsanstrengungen . Um zu einer wirtschaftlich vernünftigen Entscheidung zu kommen, mußten in Modellrechnungen die Risiken von

Fehlentscheidungen gegen höhere Entwicklungs- und Produktionskosten aufgerechnet werden. Das Ergebnis wäre mit Sicherheit stark vom Einzelfall abhängig Daher soll ausgehend von Bild 2-2 ein grober Richtwert aufgezeigt werden:

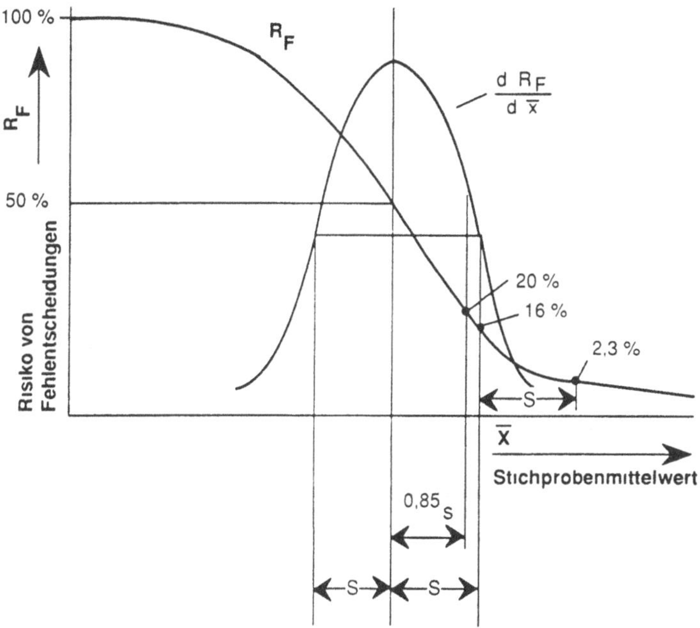

Bild 2-2: Risiko von Fehlentscheidungen in Abhängigkeit vom Abstand zwischen Soll-Mittelwert und Stichproben-Mittelwert

Ausgehend vom Sollwert mit 50 % Risiko einer Fehlentscheidung nimmt mit größer werdendem Sicherheitsabstand das Risiko schnell ab und nähert sich dann asymptotisch Null. Bei Risiken unterhalb von 15 bis 10 % können mit vertretbaren Veränderungen im Sicherheitsabstand keine wesentlichen Verringerungen im Entscheidungsrisiko mehr erzielt werden. Daher ist zu empfehlen, für die Planung von Qualitätsprüfungen etwas höhere Risiken von 10 bis 20 % vorzusehen als in den genormten Stichprobenprüfplänen /2-1, 2-2/. Als Hinweis sei hier hinzugefügt, daß in /2-6/ zwei Beispiele mit Entscheidungsrisiken von 5 % durchgerechnet werden.

2.3.1 Qualitätsprüfungen bei definierten meßbaren Sollwerten

Wenn für eine Neuentwicklung ein Sollwert vorgegeben werden soll, ist zu überlegen, ob das beispielsweise der Mittelwert oder ein Grenzwert sein soll, der zu garantieren ist. Wenn dieser Sollwert nach außen versprochen oder bekanntgegeben werden soll, und mit externen Nachprüfungen gerechnet werden muß, dann muß die Einhaltung dieses **Grenzwerts** überprüft werden **(Fall A)**. In Abhängigkeit von der Bedeutung eines solchen Merkmals ist dann festzulegen, mit welcher statistischen Wahrscheinlichkeit der Grenzwert in der Serie überschritten werden darf:

Leistungsdaten ohne Sicherheitsbelang 5 %
Sicherheitsrelevante Daten: 10^{-4} bis 10^{-6}

Wenn dagegen der Sollwert nicht zu den Technischen Daten zählt, oder nicht in Prospekten verwendet werden soll, oder eine externe Nachprüfung nicht oder nur erschwert möglich ist, ist die Angabe eines Sollwerts beispielsweise für den **Mittelwert** vorzuziehen, weil er den mittleren Kundennutzen besser beschreibt und bei gleichem Aufwand wesentlich genauer bestimmt werden kann **(Fall B)**

Annahmekriterium für Fall A:

$$| \bar{x} - x_{grenz} | \geq k_G \cdot s \qquad (2.1\ A)$$

Werte von k_G für 1- α = 20 %	Wahrscheinlichkeit des Überschreitens / Unterschreitens			
Stichproben-umfang n	5 %	0,5 %	10^{-4}	10^{-6}
n = 10	2,11	3,22	4,61	5,86
n = 20	1,96	3,01	4,31	5,49
n = 50	1,84	2,84	4,08	5,20
n = ∞	1,645	2,58	3,72	4,75

Tab. 2-2: Beiwerte k_G für Gleichung (2.1 A)

Annahmekriterium für den Fall B:

$$| \bar{x} - \bar{x}_{soll} | \geq k \cdot s \qquad (2.1\ B)$$

Stichproben-umfang n --->	10	20	50	∞
Beiwert k	0,278	0,192	0,120	0,00

Tab. 2-3: Beiwert k für Gleichung (2.1 B), (2.2 A) und (2.2 B)

2.3.2 Qualitätsprüfungen meßbarer Eigenschaften mit Vorgaben durch Referenzprodukte

Sollwerte werden häufig im Vergleich zu ausgewählten Produkten des Wettbewerbs festgelegt. Solange mit diesen Unterschieden keine Werbung betrieben werden soll, ist man in der Planung solcher Vergleichsversuche relativ frei. Die Überlegungen des Abschnitts 2.3.1 können übernommen werden. Die Referenzprodukte müssen jedoch sorgfältig beschafft und bewertet werden, damit man zumindest eine grobe Vorstellung davon hat, ob die Referenzmuster des Wettbewerbs dem oberen oder unteren Rand der Fertigungsspanne entstammen.

Die Gleichungen (2.2 A) und (2.2 B) gelten, wenn der Mittelwert des neuen Produkts höher sein soll als jener des Referenzprodukts. Wenn der Mittelwert des neuen Produkts dagegen niedriger sein soll, wird die Gleichung (2.2 B) zum Annahmekriterium und (2 2 A) zum Ruckweisungskriterium.

Annahmekriterium:

$$\bar{x} \geq \bar{x}_{ref} + k \cdot \sqrt{s_1^2 + s_2^2} \qquad (2\ 2\ A)$$

Rückweisungskriterium:

$$\bar{x} \leq \bar{x}_{ref} - k \cdot \sqrt{s_1^2 + s_2^2} \qquad (2\ 2\ B)$$

2.3.3 Qualitätsprüfungen durch Reihen von nicht meßbaren Merkmalen

Diese Problemstellung soll durch Ruckgriff auf das Beispiel des Rasierapparats am Anfang von Abschnitt 2.2 erlautert werden Unter der Annahme, daß die Gute des Rasierergebnisses nicht gemessen werden kann und daß für das Merkmal "Handlichkeit" auch kein meßbares Ersatzmerkmal gefunden wurde, ist es dann notwendig, mittels subjektiver Bewertung durch mehrere Versuchspersonen einen Vergleich mit den wichtigsten Produkten des Wettbewerbs durchzufuhren Dazu sind die zu befragenden Versuchspersonen nach Moglichkeit reprasentativ für den angepeilten Kundenkreis auszuwahlen Die Auswahl von Mitarbeitern der eigenen Entwicklung ist hier mit Bedacht vorzunehmen, da sie nicht immer das Produkt aus der Sicht des Kunden betrachten, sondern mit der "Unternehmensbrille". Dieses Risiko kann durch geeignete Korrekturmaßnahmen verringert werden, wie etwa durch Auswahl von Mitarbeitern oder Mitarbeiterinnen aus Verwaltung und Fertigung, sowie durch gezielte Schulung oder durch Beiziehen eines externen Beraters.

Die Auswertung solcher Bewertungsergebnisse sollte dann nach den Regeln der technischen Statistik erfolgen, da es sich auch hier um eine Extrapolation von einer Stichprobe (befragte Personen) auf die Grundgesamtheit aller möglicher Kunden handelt Aus der Befragung ist abzuleiten, daß ein Prozentsatz γ der möglichen Kunden die Neuentwicklung besser beurteilt als ein eingefuhrtes Referenzprodukt des Wettbewerbs. Fur den Wert γ ist dann mit der Irrtumswahrscheinlichkeit $(1-\alpha)$ der Vertrauensbereich mittels der Naherungsgleichungen aus /2-15/ (2.3 A und B) anzugeben.

$$\gamma_O = \frac{k}{n} + \frac{u_\alpha}{n}\sqrt{\frac{k.n-k^2}{n}} \qquad (2.3\ A)$$

$$\gamma_U = \frac{k}{n} - \frac{u_\alpha}{n}\sqrt{\frac{k.n-k^2}{n}} \qquad (2\ 3\ B)$$

γ_O und γ_U sind die obere und untere Grenze des Vertrauensbereichs von γ

n = Stichprobenumfang

k = Anzahl der "positiven" Beobachtunngen

u_α Schwellenwert der Normalverteilung entsprechend der gewählten Sicherheit der Aussage, siehe Tabelle 2-4.

Sicherheit der Aussage	80 %	90 %	95 %
Irrtumswahrscheinlichkeit	20 %	10 %	5 %
Schwellenwerte u_α	0,842	1,28	1,64

Tab. 2-4: Schwellenwerte u_α der Normalverteilung zur Berechnung von Vertrauensbereichen

Auswertebeispiel:

Als Entscheidungshilfe zur Auswahl zwischen 3 Designvarianten A bis C von einer Kaffeemaschine wurden 100 Personen befragt mit folgenden Ergebnissen, für welche die Vertrauensbereiche mit einer Aussagesicherheit von 80 % zu berechnen waren :

Variante	A	B	C
Anzahl Nennungen auf dem ersten Platz	12	47	41
Vertrauensbereiche fur die Nennungen	12 ± 2,7	47 ± 4,2	41 ± 4,1

Da sich die Vertrauensbereiche der Varianten B und C auch bei den gewählten kleinen Sicherheiten der Aussage von 80 % überschneiden, ist die Variante B nur der Tendenz nach besser einzustufen. Sie ist nicht signifikant besser als C. Der Abstand von B oder C zu A ist jedoch signifikant.

Die Gleichungen (2.3 A und B) konnen auch für die Planung einer derartigen Befragung herangezogen werden, wie folgendes Beispiel zeigt.

In der Befragung der 3 Designvarianten wird folgendes Ergebnis erwartet, das als Basis für die Planung heranzuziehen ist:

Variante	A	B	C
Anteil Nennungen auf dem ersten Platz	20	35	45 %

Wie viele befragte Personen müssen fur die Variante C stimmen, damit der Abstand zu B signifikant ist?

Aus der Aufgabenstellung folgt die exakte Problemstellung $\gamma_{Bo} \leq \gamma_{Cu}$ und die angenäherte Problemstellung $\gamma_{Bo} \leq 40$ % und $\gamma_{Cu} \geq 40$ %, fur welche die Gleichungen (2.3 A und B) umgeformt werden. Nachdem man u_α gegenuber n vernachlässigen kann, erhält man (2.3 C) als Näherung.

$$k \approx n.\gamma + u_\alpha.\sqrt{n.(\gamma + \gamma^2)} \qquad (2.3\ C)$$

Wenn man schätzt, daß fur die Befragung etwa 50 Personen erforderlich sein werden, erhält man

$k \geq 24$ Personen

Wie diese Beispiele zeigen, sind die Aussagen aus solchen Befragungen ziemlich unsicher, so daß immer anzustreben ist, fur die zu untersuchenden Merkmale ein geeignetes Meßverfahren zu entwickeln oder, was meist einfacher ist, im Sinne von Quality-Function-Deployment (QFD, siehe Abschnitt 3.7) das nicht meßbare Merkmal durch ein anderes oder mehrere meßbare Merkmale zu ersetzen.

2.4 Definition der Zuverlässigkeit

Unter der Zuverlassigkeit eines Produkts oder eines Systems versteht man die Wahrscheinlichkeit, daß eine geforderte Funktion unter festgelegten Bedingungen während einer bestimmten Zeitdauer innerhalb vorgegebener Toleranzen fehlerfrei ausgeführt wird. Die Zuverlässigkeit ist also eine zeitabhängige Wahrscheinlichkeitsfunktion, die sich auf die Gesamtfunktion oder auf mehr oder weniger wichtige Teilfunktionen (Haupt- oder Nebenfunktionen) eines Produkts bezieht.

$$R = R(t) \tag{2.4}$$

Der Buchstabe R ist von dem englischen Wort "reliability" abgeleitet. Es ist üblich, die Zuverlassigkeit in Prozenten oder als dimensionslose Zahl darzustellen. Beide Formen sind gleichwertig Das Beispiel

$$R(100h) = 0.8 = 80\ \%$$

bedeutet, daß nach einer Verwendungszeit oder Einsatzdauer von 100 Stunden die Zuverlässigkeit 80 % betragt, bzw. daß bereits 20 % einer Anfangsmenge ihre Funktion nicht mehr erfüllen, das heißt, bereits ausgefallen sind. Dabei ist es aus der Sicht der Zuverlassigkeitstheorie belanglos, ob diese ausgefallenen Produkte instandgesetzt (repariert) werden können oder nicht. Diese Zuverlässigkeitsangabe kann eine Vorgabe, eine Zuverlassigkeitsprognose im Entwicklungsprozeß oder auch ein Ergebnis des Einsatzes bei Kunden sein

2.5 Zuverlässigkeitsmodelle

Für die quantitative Beschreibung der Zuverlässigkeit in Abhängigkeit von der Zeit sind im Laufe der Zeit viele verschiedene Modelle bzw. Formeln entwickelt worden. Zwei Modelle - die Exponentialverteilung und die Weibull-Verteilung - sind weit verbreitet. Sie werden in den nachsten Abschnitten ausführlich behandelt, ebenso die Log-Normal-Verteilung, welche fur manche Anwendungen vorteilhaft ist. Zusätzlich wird eine Umwandlung der Weibull-Parameter in die Kenngrößen der Log-Normal-Verteilung angegeben.

In /2-9/ und /2-14/ sind ausführliche Hinweise enthalten, bei welchen Beanspruchungen und fur welche Materialien/Bauteile diese Verteilungen das Verhalten am besten wiedergeben.

2.5.1 Die Weibull-Verteilung

Die wichtigste Eigenschaft der Weibull-Verteilung ist ihre Anpassungsfähigkeit: Durch geeignete Wahl ihrer Kurvenparameter können mit der Weibull-Verteilung R(t) Ausfallverteilungen dargestellt werden, welche nur dem Zufall, welche nur dem Verschleiß folgen oder welche Mischformen sind. Ihre Formel lautet:

$$R(t) = e^{-\left(\frac{t-t_0}{T-t_0}\right)^b} \qquad (2.5\ A)$$

Darin bedeuten:

- t die Zeitvariable ($t \geq 0$)
- T die charakteristische Lebensdauer ($T \geq 0$)
- b die Ausfallsteilheit ($b \geq 0$)
- t_0 die schadensfreie Zeit

Die Weibull-Verteilung kann auch etwas vereinfacht dargestellt werden, indem man die relative Lebensdauer t' einführt:

$$t' = \frac{t - t_0}{T - t_0} \qquad (2.6)$$

$$R(t) = e^{-t'} \qquad (2.5\ B)$$

Die Weibull-Verteilung ist in dem Bild 2-3 dargestellt. In Abhängigkeit von der Ausfallsteilheit b kann man verschieden geformte S-förmige Kurven feststellen Die wesentlichen Unterschiede sind dagegen besser aus der Wahrscheinlichkeitsdichte f(t) der Weibull-Verteilung in dem Bild 2-4 zu erkennen. Der Vergleich der Kurvenformen zeigt, daß die Weibull-Verteilung sehr verschiedene Formen annehmen kann:

Unterhalb von b=1,5 ähneln die Kurven Hyperbeln, sie haben keine Maxima.

Im Bereich um b=2 sind die Kurven sehr ähnlich einer Log-Normal-Verteilung (siehe 2.5.3). Für Ausfallsteilheiten größer als b = 3 sind die Kurven für die Wahrscheinlichkeitsdichte sehr ähnlich der Gauß'schen Normalverteilung.

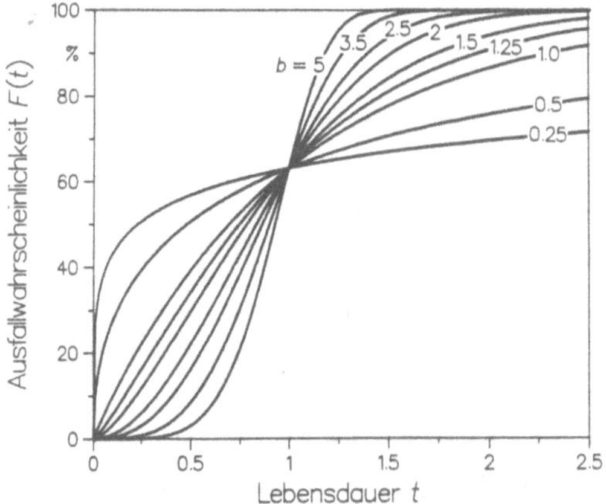

Bild 2-3: Die Weibull-Verteilung über der relativen Lebensdauer t' für die Ausfallsteilheit b = 0,25 bis 6,0 /2-3/

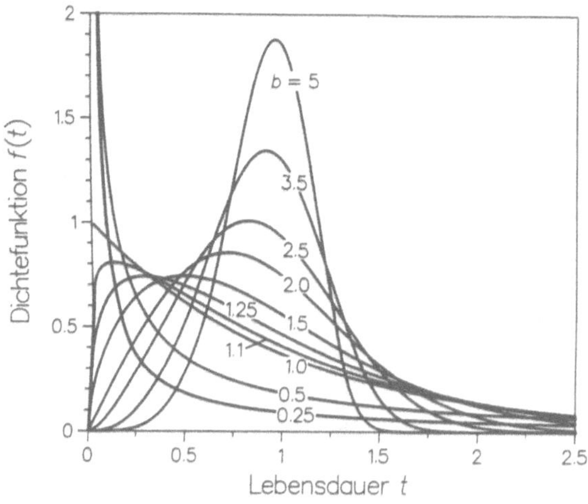

Bild 2-4: Wahrscheinlichkeitsdichte der Weibull-Verteilung uber der relativen Lebensdauer t' für die Ausfallsteilheit b = 0,25 bis b = 6,0. /2-3/

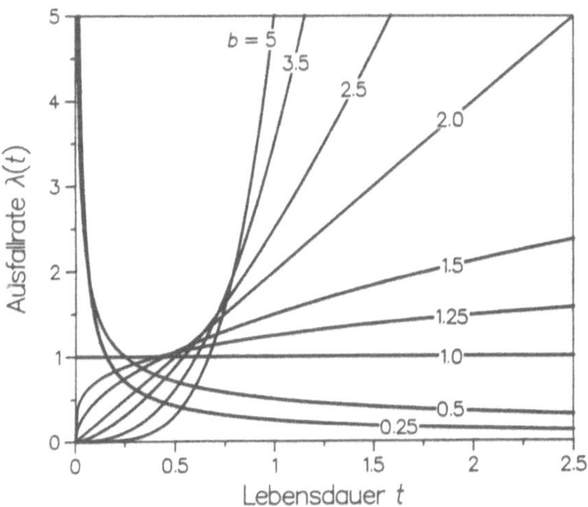

Bild 2-5: Ausfallrate $\lambda(t)$ der Weibull-Verteilung /2-3/

In Bild 2-5 ist eine weitere Kenngroße der Weibull-Verteilung dargestellt Die Ausfallrate λ(t). Sie ist in (2.7) als Quotient aus Wahrscheinlichkeitsdichte und der Weibull-Verteilungsfunktion definiert

$$\lambda\,(t) = \frac{f(t)}{R(t)} \tag{2.7}$$

Bei Ausfallsteilheiten kleiner als 1,0 nimmt die Ausfallrate mit der Zeit ab, bei Ausfallsteilheiten b > 1,0 nimmt dagegen die Ausfallrate mit der Zeit zu. Bei der Ausfallsteilheit b=1,0 ist die Ausfallrate konstant, unabhängig von der Zeit t. Daraus folgt, daß mit der Weibull-Verteilung durch entsprechende Wahl der Ausfallsteilheit Frühausfälle, Zufallsausfälle und Verschleißausfälle mathematisch erfaßt und beschrieben werden können:

Fruhausfälle	λ ist abnehmend	b < 1,0
Zufallsausfälle	λ ist konstant	b = 1,0
Verschleißausfälle	λ ist zunehmend	b > 1,0

2.5.2 Die Exponentialverteilung

Sie kann als Sonderfall der Weibull-Verteilung mit der Ausfallsteilheit b = 1,0 aufgefaßt werden. Man erhält dann als Definitionsgleichung

$$R(t') = e^{-t'} \tag{2.8}$$

Die Exponentialverteilung spielt eine bedeutende Rolle bei der Untersuchung von Prozessen, welche in erster Linie vom Zufall gesteuert werden. Sie und ihre Ausfallrate sind in den Bildern 2-1 bis 2-3 fur die Ausfallsteilheit b=1 eingetragen

2.5.3 Die Log-Normal-Verteilung

Eine Log-Normal-Verteilung liegt vor, wenn die Verteilungsfunktion (bzw. die Uberlebenswahrscheinlichkeit) uber dem Logarithmus der Zeitvariablen t eine Normalverteilung erfüllt. Daraus folgt als Definitionsgleichung

$$F(t) = \int_0^t \frac{1}{t.\sigma.\sqrt{2.\pi}} . e^{-\frac{(\lg t - \lg t_{50})^2}{2\sigma^2}} dt \tag{2.9}$$

t_{50} = Medianwert der Lebensdauer
σ = Streumaß

und die Wahrscheinlichkeitsdichte f(t)

$$f(t) = \frac{1}{t.\sigma\,\sqrt{2.\pi}}\, e^{-\frac{(\lg t - \lg t_{50})^2}{2\sigma^2}} \tag{2.10}$$

In den folgenden Bildern 2-6 und 2-7 ist die Log-Normal-Verteilung über der relativen Lebensdauer t' dargestellt, welche diesmal anders als für die Weibull-Verteilung definiert ist:

$$t' = \frac{t}{t_{50}} \tag{2.11}$$

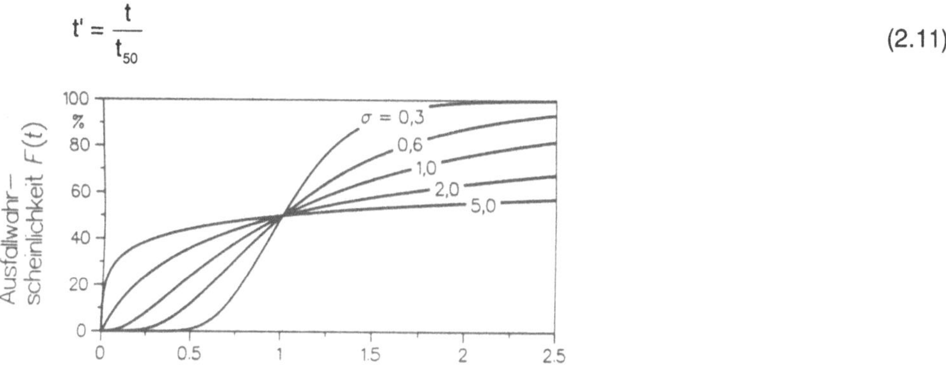

Bild 2-6: Die Log-Normal-Verteilung über der relativen Lebensdauer t' /2-3/

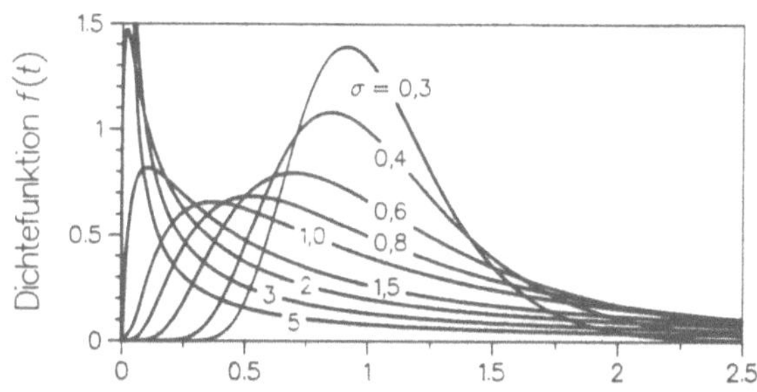

Bild 2-7: Dichtefunktion der Log-Normal-Verteilung über der relativen Lebensdauer t' /2-3/

Es gibt eine Reihe von Vorgängen, die durch eine Log-Normal-Verteilung beschrieben werden können, beispielsweise die Verschleißausfälle an Hartmetallbohrern /2-4 /. Trotz allem wird die Log-Normal-Verteilung eher selten verwendet und für ihre Kenngrößen werden selten Richtwerte veröffentlicht, im Gegensatz zur Weibull-Verteilung. Wie später im Abschnitt 2.6.3 gezeigt werden wird, bietet die Log-Normal-Verteilung den Vorteil, daß sie in einem praktischen Anwendungsfall ohne PC-Programmierung eine mathematisch geschlossene Lösung und die Durchrechnung mit einem Taschenrechner ermöglicht.

2.5.4 Eintragung von Lebensdauerdaten in Diagramme

In den vorangegangenen Abschnitten 2.5.1 bis 2.5.3 wurden drei Zuverlässigkeitsverteilungen und ihre Darstellung in Diagrammen vorgestellt. In diesem Abschnitt soll nun kurz beschrieben werden, wie diese Diagramme "Zuverlassigkeit, bzw. Uberlebenswahrscheinlichkeit uber der Lebensdauer" entstehen.

Zuerst sind die Lebensdauerwerte der Große nach aufsteigend zu ordnen. Der erste, niedrigste Wert erhalt die Rangzahl i = 1, der zweite i = 2 bis zum letzten, der die Stichprobengroße n als Rangzahl erhält. Es ware nun naheliegend, jedem Lebensdauerwert jene Überlebenswahrscheinlichkeit zuzuordnen, die in der Stichprobe auftrat. So beispielsweise würde dem zweiten Ausfall in einer 10er-Stichprobe eine Überlebenswahrscheinlichkeit von 80 % zuzuordnen sein Dem letzten Ausfall wäre dann die Überlebenswahrscheinlichkeit Null zuzuordnen. Dies wurde zu verschiedenen mathematischen Schwierigkeiten und Ungereimtheiten führen, auf die in diesem Buch nicht näher eingegangen werden soll. Exakte Werte für die Überlebenswahrscheinlichkeiten sind im Anhang 1 in der Spalte "Medianwert" für kleine Stichproben auszugsweise zusammengestellt. Fur Daten aus großeren Stichproben genugt folgende Näherungsgleichung:

$$F(t_i) = \frac{i-0,3}{n+0,4} \qquad (2.12)$$

Weitere Werte fur die Überlebenswahrscheinlichkeiten können beispielsweise aus /2-3/, Tabelle A 1.1, Seite 154 ff entnommen werden.

Zusatzlich zu diesem einfachsten Fall der Auswertung von Ergebnissen einer Stichprobe gibt es noch weitere spezielle Verfahren, auf die hier nur hingewiesen werden soll, weil sie nicht in das Kerngebiet des Buches fallen. Literatur. /2-5/, /2-6/

2.5.5 Bestimmung von Vertrauensbereichen

Im Abschnitt 2 5.4 wurde lediglich beschrieben, wie die Lebensdauerdaten in Diagramme einzutragen sind. Dabei wurde so getan, als ob diese Versuchsergebnisse bei Wiederholung der Versuche exakt gleich wieder anfallen wurden und für die große Menge aller gleichartigen Teile oder Produkte - in der technischen Statistik benutzt man dafür den Begriff **Grundgesamtheit** - reprasentativ waren, aus welcher sie entnommen worden waren. Da das nicht zutrifft, braucht man mathematische Richtwerte, um von den Eigenschaften der Grundgesamtheit auf die Ergebnisse der **Stichprobe** Prognosen machen zu können, oder um Ruckschlusse von den Stichprobenergebnissen auf die Grundgesamtheit ziehen zu können. Diese Prognosen oder Ruckschlusse sind aber nur dann möglich, wenn die Entnahme der Stichprobenmuster rein **zufällig**, ohne eine bewußte oder unbewußte Vorsortierung erfolgt. Zum Verständnis der Zusammenhänge soll hier ein Gedankenexperiment durchgeführt werden:

Aus einer Serie von einigen hundert Stuck werden beispielsweise 10 Stück entnommen und einem Abnahme-Lebensdauertest unterworfen. Man kann bei der Entnahme der Muster "Glück" haben und nur Muster aus dem "oberen Qualitatsband" gezogen haben. Man bekommt dann hohe Lebensdauerdaten. Es kann aber auch umgekehrt sein. Wenn man alle denkbaren Möglichkeiten betrachtet und die Lebensdauerdaten aller Stichproben nebeneinander in ein Diagramm eintragt, erhalt man eine Streuzone. Diese Streuzone wird um so schmäler, je größer die Stichproben werden, bis sie auf die Lebensdauerkennlinie der ganzen Serie zusammenschrumpft, sobald man die ganze Serie getestet hat Siehe Bild 2-8

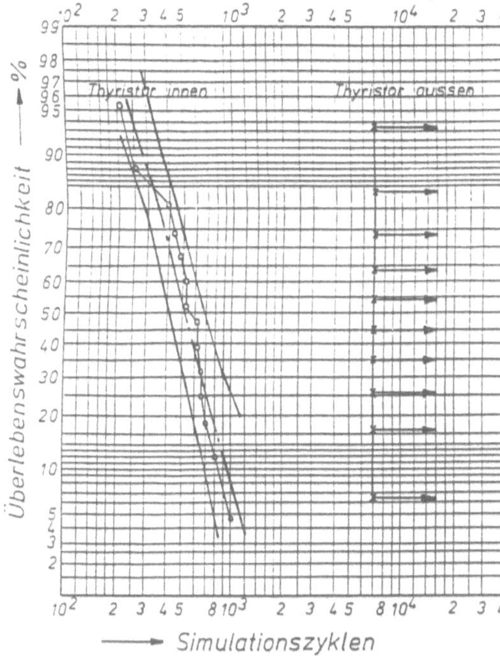

Bild 2-8:
Lebensdauerlinie der Grundgesamtheit, Streuzone für Lebensdauerlinien von Stichproben mit n = 10 Mustern.
Irrtumswahrscheinlichkeit = 2 . 5 %

In der industriellen Praxis ist der Fall genau umgekehrt zum Gedankenexperiment: Es liegen aus Kosten- oder Zeitgrunden die Ergebnisse nur einer kleinen Stichprobe vor, von denen ausgehend auf die Eigenschaften der Grundgesamtheit ein Rückschluß zu ziehen ist. Man weiß nicht, ob die Muster über dem oder unter dem Seriendurchschnitt liegen. Man kann nur abschätzen, in welcher Bandbreite oberhalb oder unterhalb der Stichprobenergebnisse die Ergebnisse der ganzen Serie liegen. Diese Bandbreite nennt man **Vertrauensbereich**. Die Breite des Vertrauensbereichs hängt ab von der Größe der Stichprobe (im Vergleich zur Größe der Grundgesamtheit) und von der Sicherheit der Aussage, bzw. von dem Irrtumsrisiko, das man noch akzeptieren will. Wenn man eine moglichst exakte Aussage uber die Lebensdauer einer Grundgesamtheit haben will (d.h. einen schmalen Vertrauensbereich), muß man die Stichprobe vergrößern oder bei kleinen Stichproben ein erhohtes Irrtumsrisiko in Kauf nehmen.

In Bild 2-9 ist die Ausfallkurve einer Stichprobe von 10 Schaltern /2-8/ dargestellt und zusatzlich sind die Vertrauensbereiche für Irrtumswahrscheinlichkeiten von 10 % zweiseitig einzeichnet

Im Anhang 1 sind exakte Tabellenwerte aus /2-3/ uber den Vertrauensbereich von Ergebnissen aus kleinen Stichproben in den Spalten "Vertrauensgrenze..." zusammengestellt. Sie wurden in Bild 2-9 verwendet

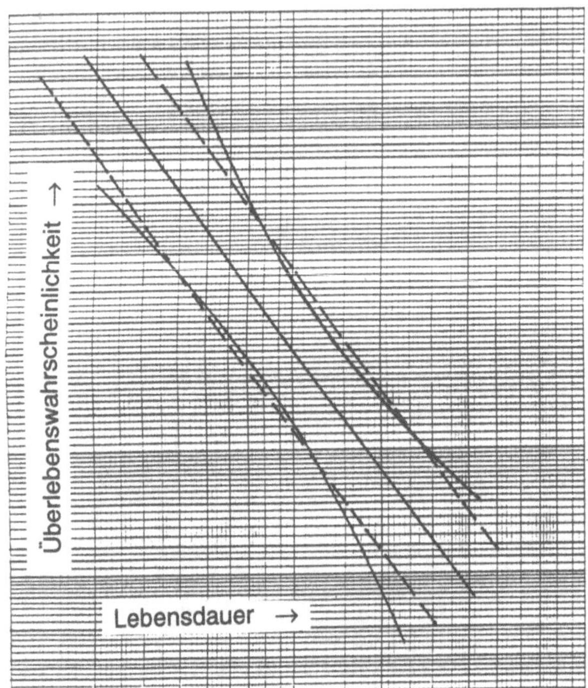

Bild 2-9: Vertrauensbereiche von Lebensdauerverteilungen
... exakt mit den Tabellenwerten von Anhang 1
... angenähert gemäß Gleichung (2.13), /2-7/

Bei größeren Stichproben kann es ausreichen, die Grenzkurven der Vertrauensbereiche durch Gerade anzunähern, parallel zur Ausgleichsgerade, welche durch die Versuchsergebnisse gelegt wurde. Dabei ist der Abstand durch Gleichung (2.13) gegeben:

$$\frac{t_{A50}}{t_{50}} = \frac{t_{50}}{t_{R50}} = \sigma^{1,3\,u_\alpha} \qquad (2.13)\ /2\text{-}7/$$

2.5.6 Verwendung von Weibull-Daten in Log-Normal-Verteilungen

Da Versuchsergebnisse meist nur in einer Weibull-Darstellung veröffentlicht werden und nur sehr selten für die Log-Normal-Verteilung, ist es nötig, Daten von einer Darstellung in die andere umzuwandeln. Da die ausfallfreie Zeit t_0 nur selten benötigt wird, beschränkt sich dieser Abschnitt auf die Zwei-Parameter-Darstellung. Es ist also das Wertepaar der Ausfallsteilheit b und der charakteristischen Lebensdauer T in den Medianwert der Lebensdauer t_{50} und das Streumaß ε der Log-Normal-Verteilung umzuwandeln.

Exakt ware es, die Weibull-Verteilung punktweise in das Log-Wahrscheinlichkeits-Netz zu ubertragen und dann fur den relevanten Abschnitt der Kurven die Ausgleichsgerade zu errechnen. Bild 2-10 zeigt in einer Prinzipdarstellung diesen Vorgang.

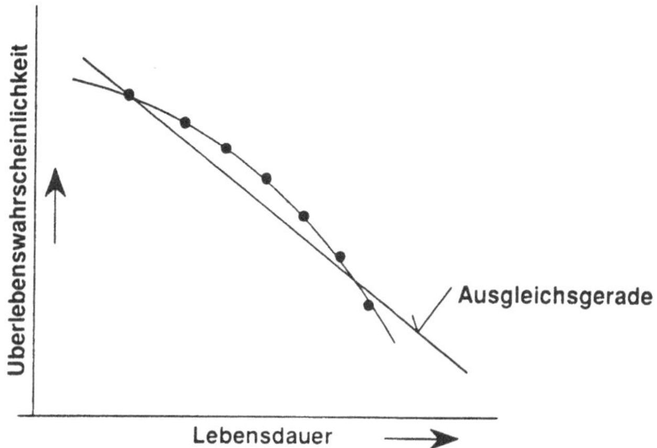

Bild 2-10: Punktweise Übertragung einer Weibull-Verteilung in das Netz der Log-Normal-Verteilung und ihre Annaherung durch eine Ausgleichsgerade

Als Ersatz fur diese ohne PC relativ aufwendige Methode sollen hier zwei Naherungsformeln angegeben werden, welche von den ausgewahlten Punkten 1 und 2, sowie von dem Medianwert der Lebensdauer t_{50} gemaß Bild 2-11 abgeleitet werden konnen. Sie stellen eine brauchbare Naherung fur den in der Praxis wichtigsten Bereich von etwa 95 bis 50 % Überlebenswahrscheinlichkeit dar:

$$\frac{t_{50}}{T} = \ln 0{,}5^{\frac{1}{b}} \tag{2.14}$$

$$\sigma = \frac{t_{50}}{t_{84}} = \left(\frac{\ln 0{,}5}{\ln 0{,}84}\right)^{\frac{1}{b}} \quad \text{(2.15 a) oder}$$

$$\sigma^2 = \frac{t_{50}}{t_{97}} = \left(\frac{\ln 0{,}5}{\ln 0{,}977}\right)^{\frac{1}{b}} \quad \text{(2.15 b)}$$

t_{50}, t_{97} und t_{84} werden als Lebensdauern mit 97,7 84 % und 50 % Überlebenswahrscheinlichkeit aus der Weibull-Verteilung entnommen.

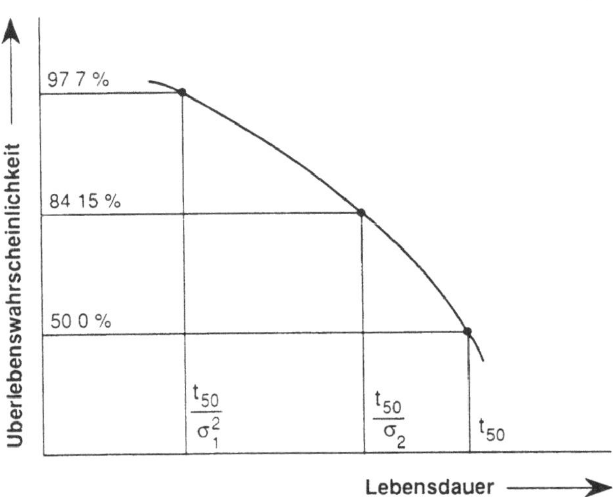

Bild 2-11: Annaherung einer Weibull-Verteilung durch eine Log-Normal-Verteilung in vorgewahlten Punkten

2.6 Zuverlässigkeits-Kenngrößen

2.6.1 Zuverlässigkeits-Kenngrößen im Prüffeld oder im Labor

Theoretisch ist fur die Darstellung der Zuverlassigkeit die vollstandige Kurve der Zuverlässigkeitsfunktion erforderlich Dafur waren sehr viele Versuche erforderlich. Meist beschrankt man sich daher auf die Uberprufung bzw auf den Nachweis eines einzigen Punktes, d h eines Wertepaares, auf der Zuverlässigkeitsfunktion Die Ausfallsteilheit b oder das Streumaß σ werden aus Erfahrungen aus der Vergangenheit gewonnen oder geschatzt Als Kenngroßen werden bevorzugt:

- Medianwert der Lebensdauer t_{50} der Log-Normal-Verteilung
- Charakteristische Lebensdauer T der Weibull-Verteilung
- Wertepaar 90-%-Uberlebenswahrscheinlichkeit und zugehörige Lebensdauer
- Mittlere Ausfallrate λ

Im Prinzip sind alle gleichwertig, so daß andere Faktoren aus dem Umfeld im Projekt oder im Unternehmen fur die Auswahl der Kenngröße entscheidend sind Diese Frage wird in Abschnitt 2 7 behandelt

2.6.2 Zuverlässigkeits-Kenngrößen im Kundeneinsatz

Die Zuverlässigkeits-Kenngrößen von den Abschnitten 2 5.1 bis 2.5 3 können auch zur Beschreibung der Zuverlässigkeit im Kundeneinsatz herangezogen werden, wenn die physikalisch relevante Zuverlässigkeitsvariable (z.B. Einschaltdauer oder Fahrstrecke) gemessen werden kann Wenn dies wirtschaftlich nicht möglich ist, muß die Zuverlässigkeit in Abhängigkeit von der Einsatzdauer beim Kunden beschrieben werden Dadurch werden aber die Ergebnisse unscharf, denn die Einsatzbedingungen bei den einzelnen Kunden sind verschieden, oder Stillstandzeiten können die Daten im Einzelfall verändert haben. Zur Verarbeitung dieser Daten muß daher auf spezielle Verfahren zurückgegriffen werden Als Kenngröße benutzt man in diesem Fall meist die Häufigkeit von Garantiefällen und/oder die Häufigkeit von Reparaturen nach Ablauf der Garantiezeit

2.6.3 Berechnung von Prüffeld-Zuverlässigkeits-Kenngrößen aus Anwender-Zuverlässigkeits-Kenngrößen und aus dem Einsatzprofil

Wenn die Einsatzbedingungen und die tägliche Einschalthäufigkeit oder die tägliche Einschaltdauer bei allen Kunden zumindest mit guter Näherung konstant ist, kann direkt aus der Lebensdauer im Prüfstand und aus der (konstanten) täglichen Einschaltdauer die Lebensdauer des Produkts beim Kunden errechnet werden. Das wäre beispielsweise bei einer elektrischen Uhr exakt möglich, es ist aber die Ausnahme Bei Investitionsgütern oder bei Anlagen ist es angenähert möglich

Im Normalfall dagegen unterliegen die Einsatzbedingungen beim Kunden statistischen Schwankungen, welche die Situation komplizierter machen Die drei Größen - Lebensdauer eines Produkts im Prüfstand, die Einsatzbedingungen beim Kunden und die Lebensdauer eines Produkts beim Kunden - sind dann statistische Variable, welche nur durch Verteilungen beschrieben werden können und durch Gleichung (2 16) miteinander verknüpft sind

$$L_K(i,j) = \frac{L_P(i)}{t_E(j)} \tag{2.16}$$

L_K = Lebensdauer beim Kunden
L_P = Lebensdauer im Prüfstand
t_E = Einschaltdauer pro Tag
i, j = Laufvariable

Es müssen also zwei Verteilungen durch Erfahrungen, Schätzungen oder durch Vorgabe bekannt sein, um die dritte Verteilung numerisch berechnen zu können, beispielsweise aus den Verteilungen der Lebensdauer im Prüfstand, der täglichen Einschaltdauer kann die Verteilung der Produktlebensdauer beim Kunden für eine Prognose der Garantiehäufigkeit errechnet werden.

Wenn dagegen die Lebensdauer eines Produkts im Prüfstand durch eine Log-Normal-Verteilung angenähert werden kann und die Einsatzbedingungen beim Kunden ebenso durch eine Log-Normal-Verteilung beschrieben werden können, so sind die Lebensdauern beim Kunden ebenso log-normal-verteilt Dadurch ist mit geringem Aufwand eine geschlossene Losung mittels eines Taschenrechners möglich·

Wenn man (2.16) logarithmiert, erhalt man

$$\ln L_K(i,j) = \ln L_P(i) - \ln t_E(j) \tag{2.17}$$

Aufgrund des zentralen Grenzwertsatzes /2-15/ sind Mittelwerte zu addieren / subtrahieren und die Quadrate der Standardabweichungen zu addieren. Man erhält dann:

$$\ln L_{K50} = \ln L_{P50} - \ln t_{50}, \text{ bzw.} \tag{2.18}$$

$$L_{K50} = \frac{L_{P50}}{t_{50}} \tag{2.18 a}$$

$$\ln^2 \sigma_K = \ln^2 \sigma_P + \ln^2 \sigma_t \tag{2.19}$$

L_{K50} = Medianwert der Lebensdauer eines Produkts beim Kunden
L_{P50} = Medianwert der Lebensdauer eines Produkts im Prüfstand
t_{E50} = Medianwert der Einschaltdauer pro Tag
$\sigma_K, \sigma_P, \sigma_T$ = Streumaße der drei Log-Normal-Verteilungen

Aufgrund der Gleichung (2.19) ist die Streuung der Lebensdauer beim Kunden größer als im Prüfstand. Die technische Ursache dafür sind die Viel- und Extrem-Anwender, bzw die Selten-Anwender, welche die Lebensdauer eines jeden Produkts verkürzen oder verlängern. Daher ist im Log-Normal-Netz die Verteilungsfunktion der Lebensdauer beim Kunden immer flacher als jene der Lebensdauer im Prüfstand.

Vergleichsweise gilt im Automobilbau, daß in der Regel die Ausfallsteilheit b einer Weibull-Verteilung für Ausfalle beim Kunden etwa um 1,0 kleiner ist als im Pruffeld

Mittels der Verteilungsfunktionen konnen nun Prognosen fur die Garantiehäufigkeit gemacht werden oder aufgrund von Vorgaben fur die Garantiehäufigkeit die erforderliche Lebensdauer im Prüfstand errechnet werden. Diese Rechenwerte müssen aber noch aufgrund von Erfahrung korrigiert werden, weil man nicht immer in der Lage ist, alle Ausfälle beim Kunden auch im Prufstand "1 1" abzubilden.

Aus Bild 2-12 kann direkt abgelesen werden.

$\ln t_{50} = \ln t + m \cdot \ln \sigma_K$, daraus folgt.

$$t_{50} = t \cdot \sigma_K^m \tag{2 20}$$

m ist die Variable des Gauß'schen Fehlerintegrals. Es kann grafisch aus dem Log-Normal-Netz entnommen werden oder aus Tabellen abgelesen werden

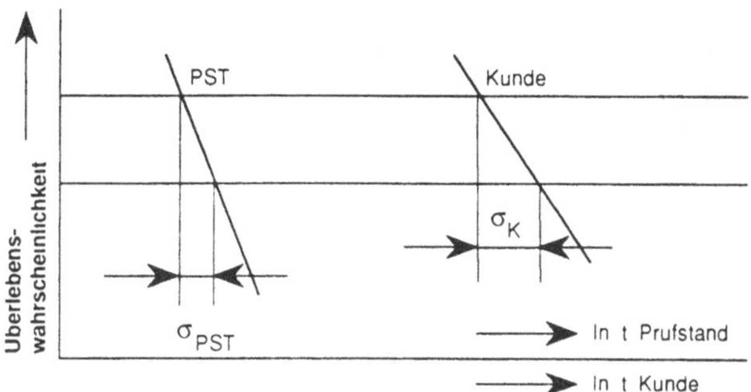

Bild 2-12: Die Zuverlassigkeitsfunktion im Prufstand und im Kundeneinsatz

Beispiel:

Von einem Staubsaugermodell liegen folgende Angaben vor

Lebensdauer im Prufstand	$L_{P50} = 1000$ h
Ausfallsteilheit im Prufstand	$b \ = 2{,}0$
Mittlere Einschaltdauer beim Kunden	$t_{E50} = 10$ Minuten / Tag
Streumaß der Einschaltdauer	$\sigma_t \ = 2{,}0$

Welchen Medianwert der Lebensdauer erreicht der Staubsauger beim Kunden und wie hoch ist die Garantiehaufigkeit, wenn die Garantiezeit t_G ein Jahr betragen soll?

Da eine geringe Garantiehaufigkeit erwartet wird, ist Gleichung (2.15 b) zu verwenden

$\sigma_P = 3{,}05$

$\ln^2 \sigma_K = \ln^2 2{,}0 + \ln^2 3{,}05 = 1{,}724$

$\sigma_K = 3{,}72$

$L_{K50} = L_{P50} / t_{E50} = 6000$ Tage oder 16,4 Jahre

$\sigma_K{}^m = t_{50} / t_G = 6000 / 365 = 16{,}4$

daraus folgt

m = 2,13 und mittels des Gauß'schen Fehlerintegrals eine Zuverlässigkeit des Staubsaugers von 0,9835, bzw 98,35 %.

Der Rechenwert der Garantiehäufigkeit des Staubsaugers betragt 1,65 %. Er muß noch um einen Zuschlag erhoht werden fur Garantieschaden, welche in den Prufstanden nicht erzeugt werden konnen.

2.6.4 Verknüpfung der Zuverlässigkeit von Baugruppen oder Bauteilen mit der Zuverlässigkeit von vollständigen Produkten

Die Zuverlässigkeit eines vollständigen Produkts ist das Ergebnis aller Teil-Zuverlässigkeiten der einzelnen Baugruppen und Bauteile, welche zu dem fertigen Produkt zusammengefügt werden. Dieses Ergebnis hängt von den Einzelwerten aller Teil-Zuverlässigkeiten und von der funktionellen Struktur der Baugruppen ab:

Häufig bilden die Baugruppen eine funktionelle Kette und des Produkt ist nicht mehr in der Lage, seine Funktion zu erfüllen, wenn nur **eine** der Baugruppen versagt. Die Gesamtzuverlässigkeit ist dann das Produkt der Einzel-Zuverlässigkeiten der Baugruppen oder Bauteile

$$Re_P(t) = Re_{B1} \cdot Re_{B2} \cdot Re_{B3} \cdots Re_{B\,i} \cdots Re_{B\,m} \qquad (2.21)$$

$Re_{B1,2,3 \ldots i \ldots m}$ = Zuverlässigkeit der einzelnen Bauteile oder Baugruppen

Bei Produkten, welche aus vielen Baugruppen bestehen, führt das dann zu sehr hohen Forderungen an die Teilzuverlässigkeit einer Baugruppe.

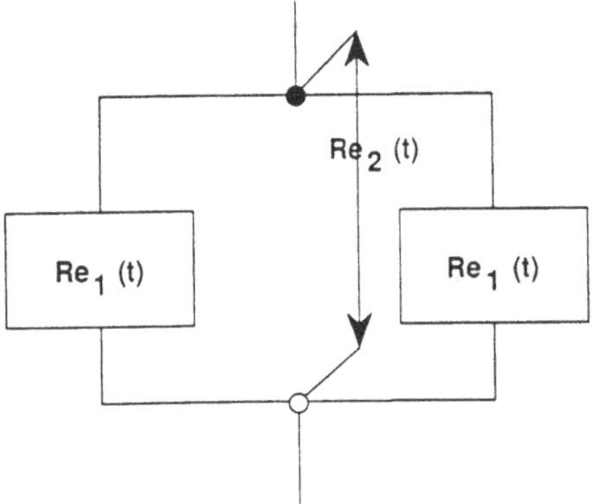

Bild 2-13: Redundanz durch Parallelschalten zweier gleicher Baugruppen

Um trotzdem zu wirtschaftlichen Lösungen zu kommen, werden in großen Anlagen oder in Produkten mit hohen Ausfallfolgen manche Baugruppen doppelt oder dreifach eingebaut. Die zweite oder dritte Baugruppe soll dann einspringen, wenn die erste Baugruppe ausfällt. Man spricht dann von redundanten Lösungen. Deren Funktionsstruktur ist dann eine Parallelschaltung. In Bild 2-13 ist beispielsweise eine Baugruppe durch eine zweite Baugruppe redundant ergänzt worden. Die Zuverlässigkeit beider Baugruppen zusammen beträgt dann:

$$Re_2(t) = 1 - (1 - Re_1) \cdot (1 - Re_1) = Re_1 + Re_1 \cdot (1 - Re_1) \qquad (2.22)$$

Die Zuverlässigkeit hat durch die redundante Anordnung um den Ausdruck

$Re_1 \cdot (1 - Re_1)$ zugenommen; er ist der **Redundanzgewinn**, den man durch das Hinzufugen der zweiten Baugruppe erzielt hat.

Die Gleichung (2 22) kann dann noch erweitert werden fur 3 parallel geschaltete Redundanzen. Um fur komplexe Funktionsstrukturen die Zuverlassigkeitsfunktion berechnen zu konnen, ist es dann notwendig, die Gleichungen (2 21) und (2 22) entsprechend zu verknupfen. In /2-9/, /2-10/ sind dafur ausfuhrliche Hinweise zu finden.

Fur die Praxis ist aber haufig folgendes stufenweise Vorgehen mit einer **Näherungslösung** ausreichend, indem man das fertige Produkt gedanklich in Baugruppen zerlegt, diesen Baugruppen aufgrund von Einschatzungen oder Erfahrungen angemessene Garantiehaufigkeiten zuweist und daraus erforderliche Baugruppen-Lebensdauern errechnet. Dies soll nun eines Beispiels erlautert werden

Ein Staubsauger soll eine Garantiehaufigkeit von 1,5 % innerhalb von 12 Monaten unterschreiten Er bestehe aus folgenden Baugruppen:

1) Netzkabel mit Aufrollautomatik
2) Netzschalter
3) elektronischer Leistungssteller
4) Motor mit Sauggeblase
5) Filtersack mit Halterung
6) Gehause

Die erforderliche Lebensdauer der Baugruppe 3 ware festzulegen

Wenn man annimmt, daß die Garantiehaufigkeiten der Baugruppen 2 bis 5 und 6 leicht niedrig gehalten werden konnen, wird man etwa zu folgender Aufteilung kommen:

$GH_4 = 0{,}6\ \%$, $GH_3 = 0{,}4\ \%$, $GH_1 = 0{,}2\ \%$,
die ubrigen 3 Baugruppen je 0,1 %.

Bei der Elektronik muß man abschatzen, ob sie durch mechanische Beanspruchungen (Stoß oder Schwingungen) oder durch elektrochemische Alterung der Bauteile ausfallt Mechanische Beanspruchungen konnen Anrisse der Platinen, Bruche von Anschlußdrahten an Bauteilen usw. mit Ausfallsteilheiten von 1,5 bis 2,5 verursachen. Nur die "nicht-mechanischen" Ausfalle konnen durch b = 1,0 beschrieben werden

Wenn man in diesem Fall die Ausfallsteilheit mit b = 1,0 annimmt, mittels der Gleichung (2.14 b) das Streumaß σ_P der Elektronik errechnet und die Einschaltdauerverteilung aus dem Beispiel im Abschnitt 2.6 4 ubernimmt, erhält man fur das Streumaß σ_K der Elektroniklebensdauer beim Kunden:

$$\sigma_P{}^2 = \frac{\ln 0{,}5}{\ln 0{,}977} = 29{,}8 \quad \text{, bzw. } \sigma_P = 5{,}56$$

$$\ln^2 \sigma_K = \ln^2 \sigma_P + \ln^2 \sigma_T = \ln^2 5{,}86 + \ln^2 2{,}0 = 3{,}36$$

$$\sigma_K = 6{,}25$$

Aus dem Gauß'schen Fehlerintegral erhält man fur die geforderte Garantiehaufigkeit m = 2,65. Daraus folgt gemaß Gleichung (2.20):

$$L_{K50} / t_G = \sigma_K{}^m = 128 \quad \text{und} \quad L_{K50} = 46922 \text{ Tage}$$

Man erhalt schließlich gemaß (2 18 a)

$$L_{P50} = L_{K50} \quad t_{50} = 7820 \text{ Stunden}$$

Die zugehorige charakteristische Lebensdauer T ist mittels (2 14) zu berechnen Sie betragt 11282 h

2.7 Planung von Zuverlässigkeitstests und passenden Annahmekriterien

Als Ausgangspunkt der Planung von Zuverlassigkeitstests sind die Zuverlassigkeitskenngroßen heranzuziehen, wie sie in den Abschnitten 2.6 3 fur vollstandige Produkte oder in 2.6.4 fur Baugruppen berechnet worden sind. Einflußfaktoren auf die Planung von Zuverlassigkeitstests, sind nun nur noch die **Größe der Stichprobe** und die **Größe des Irrtumsrisikos**. In Abschnitt 2.3 wurde diese Frage bereits erortert mit der Empfehlung, das Irrtumsrisiko mit etwa 15 bis 20 % festzusetzen. In der Folge ist nun noch die Frage zu klaren, was besser ist. Eine kleine Stichprobe mit langeren Prufzeiten gemaß Gleichung (2 13) oder umgekehrt Dies soll nun anhand einer kurzen Vergleichsrechnung geklärt werden, indem die Beispiele von 2 6 3 und 2.6 4 weitergefuhrt werden·

Staubsauger $L_{P50} = 1000$ h, $1\text{-}\alpha = 80$ %, $\sigma_P = 3{,}05$
Eine kurze Tabellenrechnung mit den Gleichungen (2 16) bis (2 19) liefert folgendes Ergebnis

n =	4	6	10	20
Prufzeit / Staubsauger	1606	1472	1350	1236
Gesamte Prufzeit	6425	8835	13500	24720

Leistungssteller des Staubsaugers $L_{P50} = 7280$ h, $1\text{-}\alpha = 80$ %, $\sigma_P = 5{,}86$

n =	4	6	10	20
Prufzeit / Leistungssteller	15580	14440	12580	10940
Gesamte Prufzeit	66315	86660	125800	218850

Beide Beispiele zeigen, daß bei großeren Stichproben die Prufzeit pro Gerät und damit die Durchlaufzeit um etwa 25 bis 30 % reduziert werden kann Dieser Zeitgewinn mußte allerdings mit einem funfmal hoheren Aufwand an Prufmustern (Prototypen) erkauft werden.

Daraus folgt, daß es in der Regel **wirtschaftlicher** ist, den **Test mit kleinen Stichproben** durchzuführen Die gesamte Prufzeit in Prufstand-Stunden ist geringer und die Anzahl der erforderlichen Prufstande bleibt klein Andererseits ist es notig, die Anzahl der Prufstande mit der Anzahl der Pruflinge zu erhohen, denn der geringe Zeitgewinn aus großeren Stichproben geht sofort verloren, wenn man die erhohte Anzahl der Prufmuster nun in zwei oder mehr Raten durch die Prufstande durchschleusen muß. Eine Erhohung der Prufmuster zur Zeitreduktion hat nur dann einen Sinn, wenn die Prototypen und die Prufstande ausreichend verfügbar und billig sind In allen anderen Fallen muß man die **Prüfmethoden** verbessern, um Zeit sparen zu konnen

2.8 Zeitraffung in Zuverlässigkeitstests (accelerated testing)

2.8.1 Prinzipien der Zeitraffung

Da die meisten Produkte beim Kunden nicht standig im Einsatz sind und auch nicht immer unter den gleichen Bedingungen eingesetzt werden, konnen 4 verschiedene Grundprinzipien der Zeitraffung bei der Planung von Zuverlassigkeitstests angewendet werden

a) Das Weglassen von Pausen

b) Das Weglassen von Teilen des Einsatzprofils mit geringer Beanspruchung, das heißt, im Zuverlassigkeitstest werden nur jene Teile des Einsatzprofils mit hoherer Beanspruchung gefahren

c) Das Verscharfen der Beanspruchung gegenuber dem Einsatz beim Kunden

d) Gezielte Veranderung der Belastung ohne Verscharfung der Beanspruchung (Simulation), siehe auch Abschnitt 2 8.2

Der Einfluß dieser 4 Grundprinzipien auf die Ausfallmechanismen ist verschieden, so daß im Einzelfall neben dem erwunschten Effekt der Zeitraffung auf ein bestimmtes Schadensbild auch unerwunschte Nebenwirkungen auf andere gleichzeitig wirkende Ausfallmechanismen berucksichtigt werden mussen. Wenn an einem Bauteil mehrere Beanspruchungen gleichzeitig wirken, so ist Vorsicht geboten Es sollte der Idealfall angestrebt werden, daß durch geeignete Versuchsplanung fur alle Beanspruchungen die gleichen Verkurzungsfaktoren erzielt werden. Wenn dies nicht moglich ist, oder dafur keine gesicherten Daten vorliegen, sollte die Hauptbeanspruchung nur so weit verscharft werden, daß die Nebeneinflußfaktoren nicht verandert werden
Die folgende Tabelle soll dafur eine Ubersicht bieten:

Beanspruchungsform	Neben-Einflußfaktoren	Zeitraffung durch a)	Zeitraffung durch b)	Zeitraffung durch c)
Mechanisch / statisch	Temperatur, Korrosion	nicht moglich	nicht moglich	moglich, 5)
Mechanisch / dynamisch	Temperatur, Korrosion $L \sim \sigma_A^{-k}$	haufig angewandt	haufig angewandt 1)	moglich, Vorsicht 2)
Verschleiß	Temperatur, Korrosion, Schmierung	haufig angewandt	haufig angewandt	moglich, Vorsicht 2)
Elektrochemisch (Korrosion)	Temperatur, dyn mech Beanspruchung	moglich, aber 3)	moglich, aber 3)	moglich, Vorsicht 2)
Chemische Alterung	Temperatur, Strahlung	nicht moglich	moglich	moglich, Vorsicht 2)
Elektronische Bauteile	Stromstarke, Temperatur	moglich 4)	moglich 4)	moglich 4)

Tab. 2-5: Moglichkeiten zur Zeitraffung in Lebensdauertests

1) Nachrechnung mittels einer Schadensakkumulationshypothese, z B Palmgren-Miner-Regel /2-11, 2-16/ erforderlich
2) Vorsicht erforderlich, da durch starke Erhohung der Beanspruchung Verfalschungen im Schadensbild und auch Tendenzumkehr moglich sind.
3) Wenn im Einsatzprofil Perioden geringer außerer Korrosionsbelastung auftreten, so muß in der Versuchsplanung beachtet werden, ob in diesen Perioden bereits vorhandene Korrosionsprodukte wirken.
4) Nachrechnung mit den Einflußfaktoren von MIL-Handbook /2-12 / zu empfehlen.
5) Bei Versuchen zur Zeitstandfestigkeit steigt die Kriechgeschwindigkeit auf das Zwanzigfache bei einer Temperaturerhöhung um 5 °C
Bei Korrosionsversuchen steigt die Korrosionsgeschwindigkeit auf etwa das Doppelte bei einerTemperaturerhohung um 10 °C

2.8.2 Systematik der Lebensdauerprüfmethoden

Die Weiterentwicklung der Prüftechnik durch Elektronik, Servohydraulik hat heute den Pruffeldingenieuren eine Fulle von Moglichkeiten eröffnet, mit finanziell vertretbarem Aufwand nahezu jede denkbare Beanspruchungssituation im Labor nachzubilden. Trotz dieser Möglichkeiten wird jedoch der einfache Wohler-Versuch auch heute noch angewandt. Dies zeigt die große Spannweite auf zwischen einer möglichst wirklichkeitsgetreuen Nachbildung des Einsatzes beim Kunden und der Abstraktion eines Wohler-Versuchs bei konstanter Belastung Anhand der in der Karosserie- oder Fahrwerk-Entwicklung im Automobilbau gebrauchlichen Testmethoden soll die Test-Systematik zwischen diesen Extremen systematisch dargestellt werden

a) Feldversuch beim Kunden / bei ausgewahlten Kunden (z B Taxi)
Die Versuchsteile werden mit oder ohne Wissen des Kunden eingebaut und der Zustand beim Service überpruft, bzw. erforderliche Messungen vorgenommen.

b) Erprobung auf öffentlichen Straßen / oder auf Nachbildungen offentlicher Straßen im Prüfgelande
Die Versuchsteile konnen wahrend der Versuche meßtechnisch uberwacht und in Versuchspausen inspiziert werden.

c) Nachfahrversuch im Prüffeld
Die Versuchsteile werden in komplette Fahrzeuge oder in Baugruppen eingebaut und in servohydraulischen Prufstanden getestet. /2-13 / und /2-17/, Das Ziel des Nachfahrversuches ist Reproduzierbarkeit, kontinuierlicher Versuchsablauf ohne Pausen, keine Zeitraffung durch Erhohung der Beanspruchung

d) Geraffter Nachfahrversuch im Prüffeld
Gleiche Vorgehensweise wie bei c), lediglich Straßenabschnitte mit geringerer Beanspruchung werden weggelassen. Dadurch zusätzliche Zeitraffung. Risiko von Falsch-Ergebnissen ist stark reduziert, weil keine Erhöhung der Beanspruchungen vorgenommen wurde.

e) Verschärfte Strecke im Prüfgelände
Diese besteht aus einer Auswahl von Strecken mit großen Fahrbahnunebenheiten, kombiniert mit engen Kurven und Salzwasserdurchfahrten, um alle Beanspruchungen gegenüber dem normalen Fahrbetrieb zu erhöhen: Vertikallasten, Seitenkräfte und auch Korrosion. Zeitraffung durch erhöhte Beanspruchung.

f) Nachfahrversuch der verschärften Prüfstrecke
Eine Kombination von c) und e)

g) Simulationsversuch
Die Beanspruchungen werden analysiert und daraus neue Versuchskonzepte entwickelt, welche die Beanspruchungen des Kundeneinsatzes nur angenähert reproduzieren, jedoch gezielt die Beanspruchungen erhöhen, dabei jedoch die Risiken falscher Versuchsergebnisse minimieren.
In diesen Fällen werden die servohydraulischen Prüfstände nicht mehr durch aufbereitete Magnetbänder gesteuert, sondern in der einfachsten Version von Rauschgeneratoren, deren Signale in Analogschaltungen aufbereitet werden und synthetische Straßen darstellen. Moderne Lösungen mittels der Prozeßrechentechnik bieten das gleiche auf einem anderen Lösungsweg /2-13, 2-17/

h) Blockversuch, Wöhler-Versuch
Die Beanspruchungen an Bauteilen oder Baugruppen werden gemessen und klassiert nach einem der bekannten Verfahren /2-14, 2-18/. Aus den so gewonnenen Lastkollektiven werden Blockprogramme gebildet und dann abgefahren. Da durch eine Klassierung die Zusammenhänge zwischen den verschiedenen Komponenten einer Belastung zum Teil verloren gehen können (z.B. zwischen Seitenkraft und Federweg an einer Fahrzeugachse), stellen Blockprogramme immer nur eine mehr oder weniger grobe Annäherung an die Wirklichkeit dar. Der Wöhler-Versuch ist dann die nächste Stufe der Vereinfachung.

2.8.3 Beispiele für geraffte Lebensdauerprüfungen

Index	Prüfverfahren	Soll-Laufstrecke Soll-Laufzeit	Lauf-leistung	Techn. Laufzeit	Kalender-Laufzeit	Zeitraffung	
						tech-nisch	Kalen-der
	Durchschnitts-kunden	200000 km	20000 km/Jahr	2500 h	10 Jahre	1	1
a	Feldversuch beim Kunden	200000 km	126000 km /Jahr	2500 h	1,6 Jahre	1	6,3
b	Erprobung auf öffentl. Straßen	200000 km	1200 km /Tag	2500 h	167 Tage	1	12
c	Nachfahrversuch im Prüffeld	200000 km = 2500 h	22 h / Tag	2500 h	0,5 Jahre	1	21,3
e	verschärfte Prüfstrecke	16000 km	230 km/Tag	500 h	70 Tage	5	30
f	Nachfahrversuch der verschärften Prüfstrecke	16000 km	720 km/Tag	500 h	22 Tage	5	100
g	Karosserie-Simulation /2-13/	150 h	22 h/Tag	150 h	6,8 Tage	16,7	310

Tab. 2-6: Erprobung von Pkws / Grobe Richtwerte

"Regel-Schalter" in einem Bohrhammer

Um die Schlagenergie und die Drehzahl eines Bohrhammers den Anforderungen der Anwendung bzw. des Untergrunds anzupassen, in dem gebohrt werden soll, gehören sogenannte "Regel"-Schalter zum Stand der Technik eines Bohrhammers. Es sind keine Regelschalter, sondern Effektiv-Spannungssteller, welche über eine Phasen-Anschnittsteuerung den Effektivwert der Spannung und des Stroms und damit auch die Drehzahl des Motors verändern. Der darin verwendete Thyristor muß für seine Aufgabe ausreichend gekühlt sein und eine ausreichende Lebensdauer erreichen.

Als Ausgangspunkt für die Beurteilung dient folgender Anwendungsfall.

Ein Handwerker muß durch die Fliesen eines Badezimmers 4 Dübellöcher bohren. Um ein Brechen der Fliesen zu vermeiden, bohrt er mit reduzierter Drehzahl an (Phase 1 in Bild 2-14), bohrt mit reduzierter Drehzahl durch die Fliese durch (Phase 2) und belastet dadurch den Thyristor. Daraufhin bohrt er nach einer Übergangsphase 3 in der Phase 4 mit voller Leistung das Dübelloch fertig. Nach diesen 4 Bohrungen montiert er etwas, reißt 4 weitere Bohrungen an, bohrt weitere 4 Löcher usw.
Bild 2-14 zeigt den Strom-Zeit-Verlauf und Bild 2-15 den Temperatur-Zeit-Verlauf.

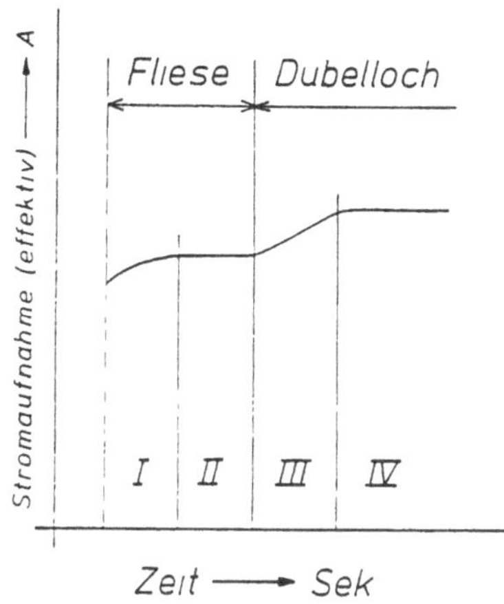

Bild 2-14:
Strom-Zeitkurve beim Durchbohren einer Fliese und beim Bohren eines Dubelloches

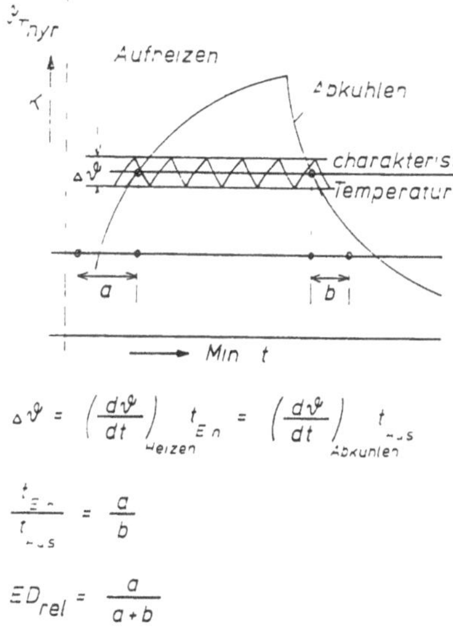

Bild 2-15:
Strom- und Temperatur-Zeitverlauf am Thyristor-Kuhlblech eines Bohrhammer-"Regelschalters"

Es mußte also eine Simulation konzipiert werden, welche bei gleicher Stromaufnahme wie in Phase 2 die gleiche charakteristische Temperatur erzielte. Mittels einer Aufheiz- und einer Abkühlkurve konnte gemaß Bild 2-16 die richtige relative Einschaltdauer eingestellt werden Die dadurch erzielte Zeitraffung betrug etwa 1 . 14. Gegenuber einem konventionellen Schalterprufstand mußte lediglich die Steuerkurve geandert werden und die fur den Nachfahrversuch notige "Pausenelektronik" wurde überflüssig

Diese beiden Beispiele sollen zeigen, daß gegenuber dem Nachfahrversuch eine geschickt ausgelegte Simulation Chancen fur eine wirkungsvolle Zeitraffung bietet, ohne daß dadurch Nachteile durch ubergroße Beanspruchungen in Kauf genommen werden mussen Dazu kommt noch die Tatsache, daß haufig die gleichen Prufstande wie fur den Nachfahrversuch verwendet werden konnen

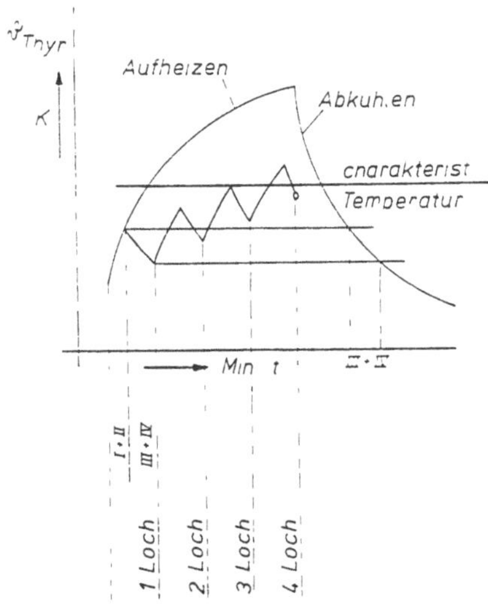

Bild 2-16: Bestimmung der relativen Einschaltdauer für eine Schaltersimulation

Literatur

2-1 Stichprobenplane für attributive Prufung DIN 40080
2-2 Stichprobenplane fur messende Prufung ISO 3951
2-3 Bertsche / Lechner, Zuverlassigkeit im Maschinenbau, Springer-Verlag 1990
2-4 Potocan, Auswertung von Lebensdauerversuchen an Bohrern, Hilti, 1974
2-5 DGQ- Schrift, 25 Lebensdauernetz
2-6 VDA, Qualitätskontolle in der Automobilindustrie, Band 3, Zuverlassigkeitssicherung bei Automobilherstellern und Lieferanten
2-7 Kastreuz, Annahmekriterien fur Zuverlässigkeitsversuche, Hilti, Technische Notiz Nr 11, EQZ 071/77, 1977
2-8 Kastreuz, Zuverlässigkeitssicherung von der Entwurfsphase bis zur Serienproduktion, dargestellt am Beispiel eines Schalters, Vortrag an der SAQ-Jahrestagung 1979
2-9 Kecicoglu, Reliability Engineering Handbook, Prentice Hall, 1991
2-10 Birolini, Qualitat und Zuverlassigkeit technischer Systeme, Springer-Verlag 1985
2-11 Palmgren, Die Lebensdauer von Kugellagern, VDI-Z 58, 339 (1924)
2-12 MIL-Handbook 217
2-13 Kastreuz, Entwicklung einer Steuerung servohydraulischer Prufstande mit Rauschsignalen zur beschleunigten Karosserieermudung, Automobil-Industrie 2/75

2-14 Buxbaum, Betriebsfestigkeit - Sichere Bemessung schwingbruchgefahrdeter Bauteile, Stahl-Eisen-Verlag, 1992

2-15 Kreyszig, Statistische Methoden und ihre Anwendungen, Vandenhoeck & Ruprecht, Göttingen, 1968

2-16 Miner, Cumulative Damage in Fatigue, J. of Appl. Mech. Trans., ASME 12, 159 (1945)

2-17 Kastreuz, Analyse der Vertikalanregung eines vierradrigen Fahrzeugs, Automobil-Industrie 1/78

2-18 Haibach, Betriebsfestigkeit - Verfahren und Daten zur Bauteilberechnung, VDI-Verlag, 1989

3 Entwicklung zuverlässiger Produkte, Baugruppen und Bauteile

Erfahrungsgemaß wird in der Definitions- und Entwicklungsphase die Qualitat zu 80 bis 90% festgelegt und in dieser Phase betragen die Kosten fur Korrekturmaßnahmen ein Zehntel gegenüber Qualitätskosten in der Produktionsphase und etwa ein Hundertstel gegenüber Qualitätskosten oder Korrekturmaßnahmen, wenn Qualitatsprobleme beim Kunden auftreten Um solche hohen Qualitätskosten zu vermeiden, sind kundengerechte Entwicklungsziele und fehlerfreie Neuentwicklungen anzustreben

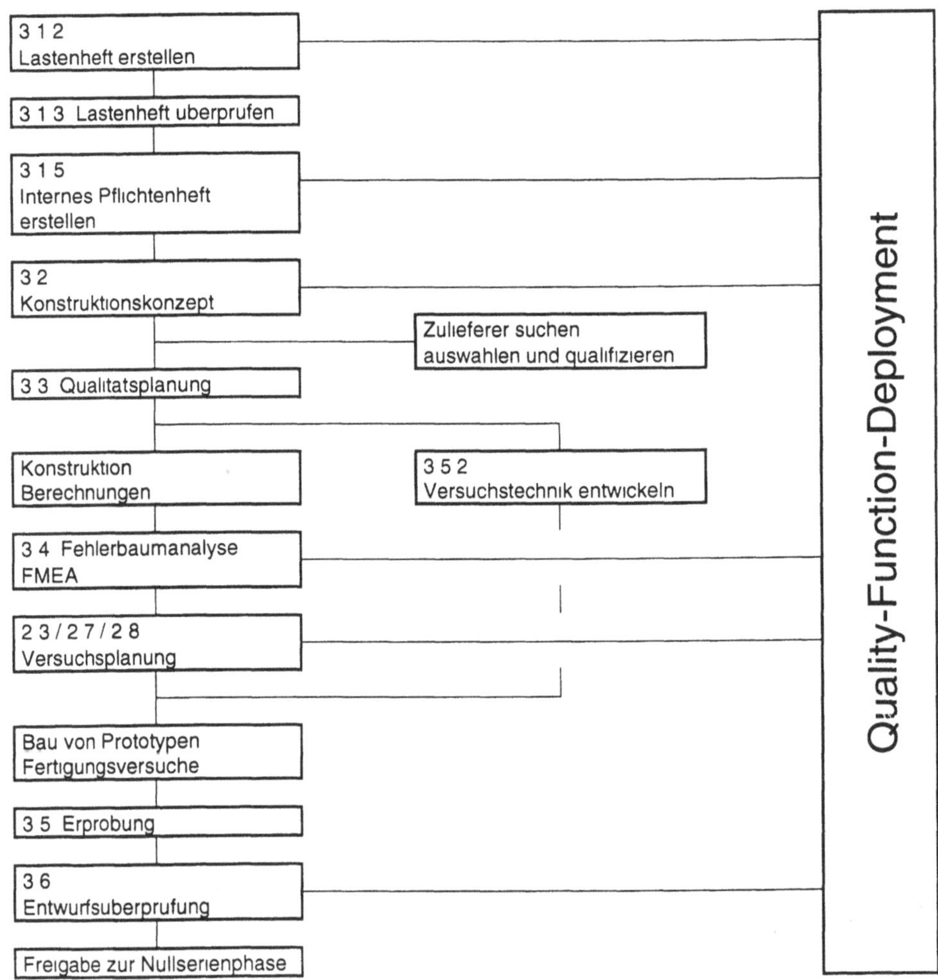

Bild 3-1: Entwicklungsablauf von Lastenhefterstellung bis zur Null-Serienfreigabe

Der in Bild 3-1 beispielhaft dargestellte Entwicklungsablauf zeigt die wichtigsten Tatigkeiten und Meilensteine auf und ist somit eine der Planungsvoraussetzungen zur gesicherten Erreichung der Ziele. Im linken Zweig des Ablaufs sind alle wesentlichen Tatigkeiten dargestellt, wie sie auch schon in der Vergangenheit durchgefuhrt wurden. Sie sind in den Abschnitten 3 1 bis 3 6 beschrieben. Im rechten Zweig ist QFD (Quality-Function-Deployment) als begleitende Tatigkeit hinzugefugt. QFD ist ein modernes Werkzeug der aktiven Qualitatssicherung, mit dem alle Kundenforderungen erfaßt und dargestellt werden und dann im Entwicklungsablauf und im Produkt vom vollstandigen Produkt uber Baugruppen, bis in die Qualitatsmerkmale von Einzelteilen, verfolgt werden. QFD ist im Abschnitt 3 7 beschrieben.

Damit die Entwicklungsabteilung systematisch und zielgerichtet ihre Arbeiten beginnen und durchfuhren kann, mussen vor Beginn der Entwicklungsarbeiten der Umfang des Entwicklungsprojekts und die Ziele der Entwicklung klar definiert sein (Projektabgrenzung und Zieldefinition) Wenn das nicht mit der notwendigen Konsequenz durchgefuhrt wird, folgen nachher unnotige Schleifen im Entwicklungsprozeß, welche Zeit kosten und das Ergebnis der Entwicklung, das neue Produkt, verteuern oder im Extremfall sogar zu Konzeptanderungen führen Der Zeitaufwand fur eine sorgfaltige Definition der Entwicklungsziele kann daher in der Regel durch Einsparungen an Entwicklungszeit und Entwicklungsaufwand nachher wieder mehrfach hereingebracht werden

3.1 Festlegen der Anforderungen

Das Festlegen der Anforderungen ist mehr als ein bloßes Niederschreiben von Sollwerten, die ein fertiges Produkt erreichen soll Vielmehr ist es ein sorgfaltig durchzufuhrender Abstimmungsprozeß zwischen Marketing, eigener Entwicklung und bei Bedarf mit der Entwicklung eines Unterlieferanten Man beginnt mit einem ersten Entwurf, der dann nach stufenweiser Uberprufung und Uberarbeitung zu einem endgultigen Lastenheft fuhrt, welches spater zu einem Vertragsbestandteil werden kann. Allein diese Tatsache zeigt bereits auf, daß das Festlegen von Anforderungen nicht "mit der linken Hand" erledigt werden sollte

3.1.1 Nutznießer, Benutzer und Opfer eines neuen Produkts

Es mag sicher uberraschen, daß bereits in der Überschrift von Benutzern und Opfern neuer Produkte gesprochen wird. Der Grund dafur liegt in der Tatsache, daß jedes Produkt Vor- und Nachteile aufweist, die sich auf verschiedene Personengruppen verschieden intensiv auswirken und auch von diesen unterschiedlich bewertet werden. In dem oben erwähnten Zielfindungs- und Abstimmprozeß sind daher die Bedürfnisse und Wunsche aller zu erkennen und zu beschreiben, welche dieses Produkt benutzen, von ihm beeinflußt werden oder welche uber die Beschaffung dieses Produkts entscheiden. Doch wer sind diese Personen?

Als erstes wird auf diese Frage der Kunde genannt, der das Produkt kauft; als nächstes der Benutzer, an welchen es der direkte, erste Kunde weiterverkauft oder zur Benutzung weitergibt. Der Benutzer hat dann moglicherweise eine andere Vorstellung uber dieses neue Produkt; als drittes wird vielleicht ein Nachbar genannt, der durch Larm, Abgase oder andere Imissionen davon betroffen ist Tabelle 3-1 soll dem Leser anhand einiger Beispiele zeigen, daß es durchaus empfehlenswert ist, uber den Personenkreis nachzudenken, der irgendwie von dem neuen Produkt betroffen sein kann, um dann fur diesen die Nachteile entsprechend gezielt zu verringern·

Produktgruppe	Produkt	Auftraggeber	Endverbraucher / Benutzer	Personen im Einflußbereich
Konsumguter	Kuhlschrank	Konsument	Ganze Familie	
	Stereoanlage	Konsument	Ganze Familie	Nachbar durch Lautstarke
	Nahmaschine	Konsument	Hausfrau	Nachbar durch Korperschall oder mangelhafte Funkentstorung
Investitionsguter	Werkzeugmaschine	Industrieunternehmen / Beschaffungsabteilung	Facharbeiter	
	Gesenkschmiedemaschine	Industrieunternehmen / Beschaffungsabteilung	Facharbeiter	Nachbar durch Erschutterungen vom Fundament
Anlagenkomponenten	Asynchronmotor CNC-Steuerung	Anlagenbauer Werkzeugmaschinenhersteller	Anlagenbetreiber Facharbeiter beim Kaufer der Werkzeugmaschine	
Werkzeuge fur Handwerker	Meißelhammer Diamantbohrgerat	Bauunternehmer / Handwerksbetrieb Bauunternehmer	Bauarbeiter / Handwerker Bauarbeiter	Hausbewohner durch Larm Wohnungsmieter durch Verschmutzung

Tab. 3-1: Personen im Einflußbereich eines Produkts

3.1.2 Erstellung eines Lastenheftentwurfs

In der VDI/VDE-Richtlinie 3694 /3-1/ wird das Lastenheft als Zusammenstellung aller Anforderungen des Auftraggebers definiert Es enthalt also das **Was** und **Wofür** aus der Sicht des Kunden Es soll ausreichend quantifiziert sein, um als Vorgabe fur den Entwickler dienen zu konnen Es muß dazu die Projektabgrenzung mit den Storgroßen und mindestens folgende **Produktanforderungen** beschreiben

- Verwendung des zu beschaffenden Produkts
- Anwendungsbereich (Normal-, Grenzanwendung, unzulassige Anwendung)
- Bedienung des Produkts im Anwendungsbereich
    - Produkt rüsten
    - Arbeitsrichtung usw
    - Ergonomische Anforderungen
    - Ruckmeldungen des Produkts an den Bediener (Anzeigen)
- Verhalten im Anwendungsbereich
- Sicherheitsanforderungen
- Leistung, Abmessungen / Anschlußmaße, Gewicht
- unerwunschte Eigenschaften
- Schnittstellen zu den anderen Systemkomponenten

Einsatzprofil
Definition der Ausfallarten
Zuverlassigkeitsanforderungen in geeigneten Kenngroßen
Anforderungen an Wartung und Instandsetzbarkeit
Okologische Anforderungen / Ruckwirkungen auf das Umfeld bei der Herstellung, Anwendung, Wartung und Instandsetzung

Diese Anforderungen sind als "Was-Anforderungen" zweckmaßigerweise getrennt fur alle Produktmerkmale als Sollzustande zu beschreiben, wie dies bereits in Abschnitt 2 2 behandelt wurde

Als Quellen fur die Erstellung eines Lastenheft-Entwurfs konnen herangezogen werden.

- Die in Normen und Richtlinien dokumentierten anerkannten Regeln der Technik
- Der in den Produkten des Wettbewerbs und in ahnlichen Produkten dokumentierte Stand der Technik
- Der in Forschungsergebnissen und Veroffentlichungen dokumentierte Stand von Forschung und Wissenschaft.
- Analyse der Produktelinien des Wettbewerbs, um daraus die nachsten Neuentwicklungen abschatzen zu konnen.
- Lastenheft des Vorgangerprodukts
- Interne Erfahrungen, Reklamationen mit dem Vorgangerprodukt.
- Untersuchung der Bedurfnisse der eigenen Kunden und auch der Bedurfnisse der Folgekunden, d h. jener Kunden, welche die Produkte oder Dienstleistungen meiner Kunden nutzen Beispielsweise mussen einem Hersteller speicherprogrammierbarer Maschinensteuerungen die Anforderungen der Verwender CNC-gesteuerter Maschinen an die Steuerung wichtig und bekannt sein
- Als Werkzeuge zur Untersuchung der Kundenbedurfnisse konnen Gesprache mit potentiellen Kunden, Kundenbefragungen, Workshops mit Kunden sein, welche vom Marketing selbst ausgefuhrt oder an externe Berater vergeben werden.

Die so definierten Anforderungen mussen dann nach den drei Stufen des Kano-Modells (siehe Abschnitt 2.2) klassifiziert werden, damit man danach die Marktchancen des zu entwickelnden Produkts abschatzen kann

3.1.3 Überprüfung von Lastenheften

Fur die Uberprufung von Lastenheften haben sich in der Praxis zwei Methoden bewahrt:

Überprufungsgesprache zwischen Marketing und Entwicklung, wenn notig unter der Moderation der Qualitätssicherung, häufig Lastenheft-Reviews genannt Es ist zweckmaßig, in solchen Uberprufungsgesprachen zwei Gesichtspunkte konsequent zu trennen. Im ersten Teil die Voraussetzungen fur den Projektstart zu überprufen und im zweiten Teil die produkt- und anwendungsspezifischen Fragen zu behandeln. In **Anhang 3** sind Fragen zur Überprufung der Voraussetzungen fur den Projektstart enthalten.

Kundenakzeptanztests, in denen ausgewahlte Kunden Baumuster oder Prototypen der Neuentwicklung (wenn notig, unter Aufsicht) anwenden und erproben konnen. Dabei ist der Erfolg eines solchen Kundenakzeptanztests meist um so hoher, je unvollkommener (schlechter) der Prototyp ist, denn dann wird jeder Mangel kritisiert, wahrend bei perfekt fertigentwickelten Prototypen tendenziell uber manche Mangel hinweggesehen wird

Die Vor- und Nachteile der einen Methode verwandeln sich in das Gegenteil beim Ubergang zur anderen Methode, so daß im Einzelfall entschieden werden muß, welche, oder ob beide nacheinander angewendet werden sollen.

Tabelle 3-2 zeigt die Vor- und Nachteile beider Methoden·

	Vorteile	Nachteile
Lastenheft-Review	In der Fruhphase eines Projekts moglich Keine Hardwarekosten	Das Produkt liegt nicht vor Einbindung des Kunden ist erschwert oder unmoglich
Kundenakzeptanztest	Ein Prototyp liegt vor, nicht abstrakt. Der Kunde kann leicht eingebunden werden.	Durchfuhrung erst nach Vorliegen eines Prototyps moglich, also wesentlich spater. Hardwarekosten

Tab. 3-2: Methoden der Lastenheft-Uberprufung

3.1.4 Genehmigung eines Lastenhefts

Nach Abschluß dieser Uberprufungen ist das Lastenheft gemaß den Ergebnissen der Uberprufungen zu uberarbeiten und durch die Unterschrift des Marketing-Leiters, des eigenen Entwicklungsleiters und bei Bedarf des Entwicklungsleiters des Unterlieferanten zu genehmigen.

3.1.5 Weiterentwicklung des Lastenhefts zu einem Pflichtenheft

Das Lastenheft enthalt die Anforderungen an das zu entwickelnde Produkt aus der Sicht des Kunden. Diese Anforderungen sind als "Was-Anforderungen" zu formulieren Aus dem Lastenheft ist nun Schritt fur Schritt das Pflichtenheft zu erstellen, das alle Anforderungen des Lastenhefts aus der Sicht der Entwicklungsabteilung enthalten muß. Die "Was-Anforderungen" sind dabei in "Wie-Anforderungen" umzuwandeln.

Was-Anforderung an einen Staubsauger:

Sauggut gemäß dem Versuchsprogramm muß aufgenommen werden.

Wie-Anforderung an der Staubsauger.

Unterdruck und angesaugtes Luftvolumen sind für eine vorgegebene Saugdüse festzulegen

3.2 Konstruktionskonzepte

Im Konstruktionskonzept sind alle Lösungsprinzipien, welche zur Lösung der im Lastenheft gestellten Forderungen geeignet erscheinen, zu beschreiben und ihre Wirkungen und unerwünschten Folgen darzustellen. In diesem frühen Stadium sind auch die Zuverlässigkeitsanforderungen an einzelne Systemteile oder Baugruppen zu definieren analog den Ausführungen in Abschnitt 2.6.4. Die Konstruktionsprinzipien können durch Blockschaltbilder, Flußdiagramme, Handskizzen usw. erfolgen. In diesem frühen Stadium sind alle Darstellungsmethoden erlaubt. Wichtig ist jedoch, daß nach Möglichkeit für jede Baugruppe mindestens zwei Lösungen konzipiert werden. Dann kann die Festlegung des Konstruktionskonzepts durch Auswahl der optimalen Teillösungen erfolgen.

Für die Auswahl der einzelnen Teillösungsvarianten ist eine systematische Bewertung unerläßlich. Sie kann mit einfachen Bewertungstabellen anhand der wichtigsten Qualitätsmerkmale des Endprodukts und anderer Kriterien durchgeführt werden. Hier sollte QFD (siehe Abschnitt 3.7) als Hilfsmittel eingesetzt werden, um sicherzustellen, daß alle wichtigen Qualitätsmerkmale aus Kundensicht berücksichtigt werden.

3.3 Qualitätsplanung

Nach Vorliegen des Konstruktionskonzeptes ist zweckmäßigerweise die Qualitätsplanung für das Produkt und für das Entwicklungsprojekt einzuleiten. Es mag verwundern, daß diese Planungen so früh einzuleiten sind, denn das Konstruktionskonzept nach Abschnitt 3.2 stellt das zu entwickelnde Produkt nur unscharf dar und die vorliegenden Daten / Informationen sind noch ungenau. Diese Bedenken sind sicher zum Teil berechtigt, doch eine ungenaue Qualitätsplanung am Projektstart ist sicher besser als gar keine! Ferner zeigt eine ungenaue, lückenhafte Qualitätsplanung auch die vorhandenen Lücken in den vorangehenden Projektschritten auf, so daß man zu einem frühen Zeitpunkt Korrekturmaßnahmen einleiten kann. In Tabelle 3-3 sind einige Beispiele dafür genannt.

Anhang 4 enthält ein leeres Formular als Anregung für den Leser zur Qualitätsplanung eines Elektrowerkzeugs. Für andere Produkte muß eine solche Qualitätsplanung mindestens im Detail anders aussehen.

Lucke in der Qualitatsplanung	Mogliche Ursachen
Die Testzeit im Lebensdauerprufstand ist unbekannt.	- Einsatzprofil unklar - Zuverlassigkeitsforderung (z. B Garantiehaufigkeit) ist unbekannt - Testkonzept liegt nicht vor, weil die erforderliche Prüftechnik noch nicht existiert und die Prufscharfe-Relation zwischen Kunde und Prüfstand noch unbekannt ist.
Make-or-Buy-Entscheidung ist offen	- Vorauswahl fur potentielle Lieferanten liegt nicht vor. - Kriterien zur Beurteilung potentieller Lieferanten sind noch nicht erarbeitet.
Kritische Merkmale fur das komplette Produkt konnen noch nicht festgelegt werden	- Forderungen der Zulassungsstellen liegen noch nicht vor - Ergebnisse der Fehlerbaumanalyse und FMEA liegen nicht vor

Tab. 3-3: Anzeichen fur eine unvollstandige Qualitatsplanung am Projektanfang

3.4 Vorbeugendes Qualitätsmanagement: Fehlerbaumanalyse oder Fehler-Möglichkeits- und Einfluß-Analyse (FMEA)?

Als vorbeugende Methoden des Qualitatsmanagements haben sich zwei Methoden in der Praxis so sehr bewahrt, daß sie auch in die Normung Eingang gefunden haben:

Fehlerbaumanalyse nach DIN 25424
Fehler-Moglichkeits- und Einfluß-Analyse nach DIN 25448

Die Fehlerbaumanalyse geht deduktiv vor, indem sie von einer (ausgewahlten) Ausfallart ausgeht und dann fragt, wodurch diese Ausfallart hervorgerufen wird. Sie erfolgt stufenweise, indem von den Ausfallarten der ersten Stufe weiter gefragt wird nach den Ausfallarten der zweiten Stufe usw. Dabei steigt man von der Ebene des vollstandigen Produkts auf die Ebene der Baugruppen und spater auf diejenige der Bauteile hinunter. Dieses Vorgehen soll nun an einem Staubsauger in den Bildern 3-2 und 3-3 erläutert werden.

Dieser erste Schritt der Fehlerbaumanalyse ist relativ einfach durchzufuhren, ein Strukturbild der Ausfallarten nach Bild 3-2 oder 3-3 stellt jedoch nur ein Zwischenergebnis dar.

In weiteren Schritten kann dann auf der untersten Ebene der Bauteile ihre Zuverlassigkeit abgeschatzt werden und dann uber die Zuverlassigkeit der Baugruppen auf die Zuverlassigkeit des Produkts hochgerechnet werden Diese Moglichkeit ist eine Starke der Fehlerbaumanalyse, indem man auch quantifizierte Ergebnisse aus ihr ableiten kann Leider kann man aber diese Starke nicht immer nutzen, denn die Zuverlassigkeit der einzelnen Bauteile liegt nicht immer vor, und zur Durchfuhrung einer Fehlerbaumanalyse benotigt man relativ hochqualifiziertes Personal, das nicht immer im erforderlichen Umfang fur diese Aufgabe zur Verfugung steht.

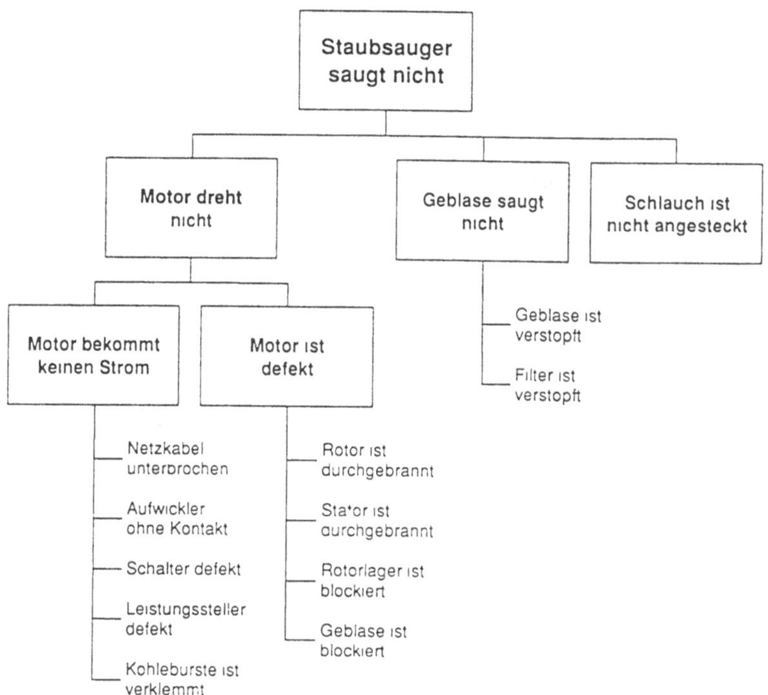

Bild 3-2: Fehlerbaum "Staubsauger saugt nicht"

Hier bietet die Fehler-Möglichkeits- und Einfluß-Analyse einen Ausweg **(FMEA)**, denn sie ist einfacher in der Durchfuhrung und benotigt nicht so hochqualifiziertes Personal:

Die FMEA beginnt mit einer (moglichst) vollstandigen Fehlerliste, die beispielsweise aus den bereits gemachten FMEAs, Testerfahrungen und Reklamationen der Vorgangerprodukte oder ahnlicher Produkte stammen kann. /3-7/. Der Vergleich der Bilder 3-2 und 3-3 zeigt, daß die Liste der moglichen Fehler bereits durch eine geringe Anderung der Fragestellung sich stark verandern kann. Die so erarbeiteten Fehlerursachen werden bewertet nach folgenden Kriterien:

- Wahrscheinlichkeit des Auftretens aufgrund der Konstruktion und der Fertigungsverfahren
- Bedeutung (= Auswirkung auf den Kunden)
- Wahrscheinlichkeit der Entdeckung aufgrund des QS-Konzepts und der vor gesehenen Prufverfahren

Die Bewertung erfolgt durch Punkte von 1 bis 10 nach Richtwerten, welche firmenintern festzulegen sind. Die VDA-Richtwerte /3-2/ können dabei als Richtschnur herangezogen oder direkt übernommen werden. Aus den Zahlen der 3 Bewertungen wird dann durch Multiplikation für jede Fehlerursache eine Risiko-Prioritäts-Zahl **RPZ** gebildet. Diese erlaubt nun eine Reihung und Bewertung der Fehlerursachen:

Fehlerursachen mit den höchsten RPZ sind als erste zu bearbeiten, Fehlerursachen mit den niedrigsten zuletzt.

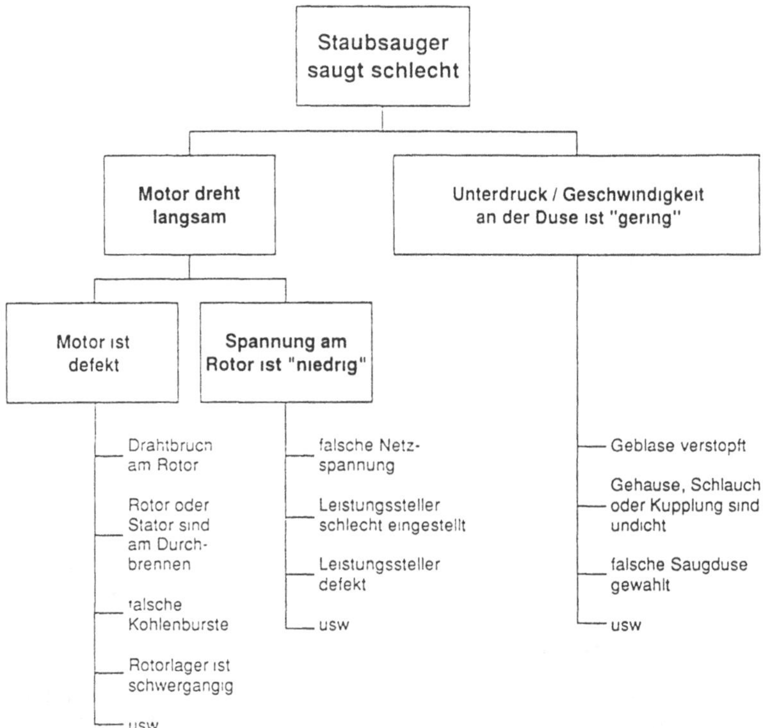

Bild 3-3: Fehlerbaum "Staubsauger saugt schlecht"

Für jede Fehlerursache werden nun solange Korrekturmaßnahmen bei der Konstruktion, bei den Fertigungsverfahren und im Prüfkonzept erarbeitet, bis die RPZ einen akzeptierten Grenzwert unterschreitet. Bild 3-4 zeigt als Beispiel einen Ausschnitt aus einer FMEA an der Drehmomentkupplung eines Elektrowerkzeuges

Aus dieser Kurzbeschreibung sind die Nachteile der FMEA gegenüber der Fehlerbaumanalyse erkennbar.

Die FMEA liefert kein exakt quantifiziertes Ergebnis über die Zuverlässigkeit, sondern es werden erkannte Fehlerursachen bewertet, Korrekturmaßnahmen dazu definiert und das Ausmaß der durch sie erzielten Verbesserung eingeschätzt und bewertet.

Weiterhin hängt das Ergebnis der FMEA - wie bei der Fehlerbaumanalyse - ganz wesentlich von der **Vollständigkeit** der Fehlerliste ab Trotz dieser Nachteile hat die FMEA eine weite Verbreitung gefunden, da sie einfach durchzuführen ist und kein hochqualifiziertes Personal benotigt. Daher erscheint es notwendig, die genannten Nachteile der FMEA genauer zu untersuchen:

Die fehlende Quantifizierung ist nur dann ein schwerwiegender Nachteil, wenn auch eine exakte Quantifizierung gefordert und wirtschaftlich vom Aufwand her vertretbar ist. Da es in den meisten Fallen ausreicht, wenn die erkannten Mangel durch konkrete und tatsachlich wirksame Korrekturmaßnahmen behoben oder zumindest reduziert werden, verliert dieser Mangel dann an Gewicht.

Fehler-Moglichkeits- und Einfluß-Analyse
[X] Konstruktions FMEA [ ] Prozeß FMEA
Bestätigung durch Betroffene → Name/Abt./Lieferant | Name/Abt./Lieferant
Benennung: Rutschkupplung
Modell/System/Fertigung:
Erstellt durch (Name Abt.):
Teile Nr:
Änderungsstand:
Datum: 9 7. 92
Überarbeitet Datum:

Systeme Funktionselemente Arbeitsgänge Merkmale	Potentielle Fehler	Potentielle Folgen des Fehlers	D	Potentielle Fehlerursachen	DERZEITIGER ZUSTAND: Vorgesehene Verhütungs- u. Prüfmaßnahmen	Auftreten A	Bedeutung B	Entdeckung E	Risikoprioritätszahl RPZ	Empfohlene Abstellmaßnahmen	Verantwortlichkeit Termin	VERBESSERTER ZUSTAND: Getroffene Maßnahmen	Auftreten A	Bedeutung B	Entdeckung E	Risikoprioritätszahl RPZ
1	2	3	4	5	6	7	8	9	10	11	12	13	14	15	16	17
Zahnrad	Härte/Festigkeit	Funktions-Ausfall bei Kunden		falscher Werkstoff gewählt	KSL, Versuch	6	9	2	180	Prod.-Konzept Werkstoff u. Beh., 0/0/1	PEVS/15.7.	Überprüfg. 3 Alternativ.	2	9	2	36
				Mat.-Verwechsl. bei Kunden	chargengetr. Anlieferung, Werkstoffe	10	9	2	180	Lieferantenbindung		Überprüfung der Bauteile bei Auftragsstart	4	4	2	32
				Mat-Vertausch im Hause	FIFO	1	9	9	81*)	entfällt, da	Zukaufteil	—				—
				Wärmebeh. falsch vorgeschrieben	W.-Norm	10	9	2	180	Prod.-Konzept Werkstoff u. Beh., 0/0/1	PEVS/15.7	Überprüfg. von 3 Alternativ.	2	9	2	36
				Wärmebeh. falsch durchgeführt	Vorschrift Liefer-Vorschr. Lief.-Audit	5	9	2	90	Prüfung e. Serienmusters		Prüfung je 1 Muster/Auftrag	5	3	2	30
				Berechnungsfehler	Berechn.-Dok. Versuch	10	9	2	180	Überprüfung der Eingangsgröße, Nachrechnen	BER 307	Eingangsparameter Nachrechnung	2	3	2	12

Bild 3-4: FMEA einer Drehmomentkupplung (auszugsweise)

Die Vollstandigkeit der Fehlerliste wird in der Praxis nie wirklich erreichbar sein, denn allein schon durch Anderung der Kunden- und Anwendergewohnheiten können nach der Markteinfuhrung neue Ausfallursachen und -bilder entstehen. Trotz dieser Tatsache muß es in der Entwicklungsphase das Ziel bleiben, eine moglichst vollstandige Fehlerliste zu erarbeiten. Wie bereits erwähnt, werden dafür Erfahrungen aus Entwicklung und Fertigung eines Vorgangerprodukts, aus Reklamationen usw. herangezogen. In dieser Liste sind jedoch die potentiellen Fehler der Neuentwicklung nicht enthalten, so daß nach Mitteln und Wegen gesucht werden muß, sie zu finden und in die Fehlerliste aufnehmen zu können. Dafür bietet sich der erste Schritt der Fehlerbaumanalyse als Hilfsmittel an Konsequent durchgeführt, liefert er theoretisch alle moglichen Fehlerursachen in einer strukturierten Form, so daß auch nach Konstruktionsänderungen diese Fehlerliste leicht nachgeführt werden kann.

Folglich darf es also nicht heißen FMEA oder Fehlerbaumanalyse, sondern das Optimum liegt in der Kombination des ersten Schrittes der Fehlerbaumanalyse mit der FMEA!

3.5 Erprobung

Um auf eine Erprobungsphase richtige Entscheidungen aufbauen zu konnen, muß sie transparent durchgefuhrt werden. Dies ist nur dann moglich, wenn die Entwicklungsziele als Qualitätsmerkmale beschrieben, und - wenn moglich - durch Sollwerte definiert und in einem Lastenheft (siehe Abschnitt 3.1) dokumentiert sind. Die Ergebnisse der Erprobung können dann durch einen Soll-Ist-Vergleich bewertet werden: Ist der Nachweis erbracht, daß die an das Produkt gestellten Anforderungen erfullt werden?

Als Vorarbeiten sind die durchzufuhrenden Erprobungen zu planen, d. h. der Umfang der Versuchsstichprobe ist festzulegen. Dann sind daraus und aus den Sollwerten die Annahme- und Ruckweisungskriterien zu definieren In den Abschnitten 2.1 bis 2.4 sind die dafür notwendigen Vorarbeiten in der Planung und die Methoden der Auswertung beschrieben.

Fur Zuverlassigkeitsziele wurden ebenso in den Abschnitten 2.5 bis 2.8 die theoretischen Zusammenhange zwischen Zuverlassigkeits-Kenngroßen fur den Einsatz beim Kunden, fur die Erprobung im Pruffeld oder im Labor beschrieben. Damit können ebenso die Annahme- und Ruckweisekriterien festgelegt werden. Neben diesen statistisch begründeten Planungen ist auch eine geeignete Versuchstechnik sicherzustellen. Dazu sind drei unterschiedliche Grundaufgaben zu lösen:

- Es ist eine Versuchstechnik aufzubauen, welche den tatsachlichen Vorgangen und Betriebszustanden beim Kunden entspricht
- Die verwendete Meßtechnik muß "fahig " sein, das heißt, die Anforderungen an Genauigkeit, Empfindlichkeit und Langzeitstabilitat erfullen.
- Zuverlassigkeitsprufungen mussen die Betriebszustande beim Kunden so gut reproduzieren konnen, daß die Ausfallbilder in der Erprobung (Feldversuch oder Prufstand) den Ausfallbildern beim Kunden entsprechen.

Daher muß die gewahlte Versuchstechnik vor ihrem Einsatz entsprechend erprobt und dann zum Einsatz freigegeben werden.

3.5.1 Fähige Meßtechnik

Im Grunde genommen ist diese Forderung eine Selbstverstandlichkeit· Die verwendeten Meßmittel mussen fur die Meßaufgabe bezüglich Genauigkeit, Empfindlichkeit und Langzeitstabilitat die Anforderungen erfullen. Für die Meßtechnik in der Fertigung und in der Qualitatsprufung kann als einfache Naherung folgender Richtwert gelten:

Die Meßunsicherheit muß kleiner als $^1/_{10}$ der Toleranzfeldbreite sein

In neueren Untersuchungen /3-3/ wurde die Meßunsicherheit eines Meßgerats oder Meßverfahrens in die Einflußgrößen Genauigkeit, Wiederholprazision, Vergleichsprazision, Stabilitat und Linearität aufgegliedert, welche dann nach Zusammenfassung die Gesamtstreuung ergeben. Diese ist dann das Kriterium fur die Beurteilung.

Gesamtstreuung < 0,2 . Toleranzfeldbreite ... Das Prufmittel ist tauglich.

Gesamtstreuung > 0,3 . Toleranzfeldbreite .. Das Prufmittel ist fur die vorliegende Meßaufgabe nicht einsetzbar.

Wenn die Gesamtstreuung 20 bis 30 % der Toleranzfeldbreite betragt, ist das Meßgerät bedingt tauglich und vorubergehend für diese Aufgabe verwendbar.

In /3-4/, /3-5/ und /3-6/ sind daruber firmenspezifisch unterschiedliche Analyseverfahren beschrieben. Ein Sonderproblem der Meßfahigkeit wird in /3-10/ behandelt

Fur Meßaufgaben in der Entwicklung ist bisher - abgesehen von Spezialproblemen - diese Frage wenig untersucht worden. Aus /3-5/ kann dagegen entnommen werden

$$c_g = \frac{0,15\ \sigma_{Prozeß}}{s} \geq 1,0 \qquad (3.1)$$

$\sigma_{Prozeß}$ = Prozeßstreuung,
s = Gesamtstreuung des Meßverfahrens

Wenn man $\sigma_{Prozeß}$ als Versuchsstreuung interpretiert, erhalt man als Forderung fur die Fahigkeit von Meßverfahren, daß die gesamte Meßstreuung kleiner als $^1/_6$ der Versuchsstreuung sein soll.

3.5.2 Erprobung und Freigabe neuer Versuchstechnik für Zuverlässigkeitstests

Als Ausgangspunkt fur die Entwicklung einer neuen Versuchstechnik muß immer der Einsatz bzw. das Einsatzprofil des Produkts beim Endverbraucher sein, aus dem sich dann die Betriebszustande und die moglichen Ausfallursachen beim Anwender ergeben.

Dazu sind die aus Garantiestatistik, Reklamationen, aus internen Erfahrungen (Entwicklung und Fertigung) bekannten Ausfallarten aufzulisten und dann durch die Liste der Ausfallarten aus einer Fehlerbaumanalyse zu erganzen Danach ist fur alle wichtigen Ausfallarten durch Messungen oder Beobachtungen festzustellen, welche Teile des Einsatzprofils welche Ausfalle verursachen oder dazu wesentlich beitragen. Diese Teile sind dann später in den Prufstanden geeignet zu reproduzieren.

Des weiteren werden Beanspruchung und äußere Belastung analysiert, um die Versagensmechanismen besser verstehen zu können. Beispielsweise werden Karosserien von Kraftfahrzeugen durch Fahrbahnunebenheiten beansprucht und ermudet. Diese Beanspruchung kann in 4 Komponenten zerlegt werden /3-5/:

Heben und Senken (Wogen)
Nicken
Rollen (Drehung um die Fahrzeuglangsachse) und
Verwindungsanregung .

Durch Messungen mit Dehnungsmeßstreifen laßt sich dann sehr leicht nachweisen, daß die Verwindungsanregung den Hauptanteil an der Beanspruchung und an der Ermudung von Karosserien hat. Aufgrund solcher Erkenntnisse kann dann eine effiziente und auch praxisgerechte Lebensdauerprufung entwickelt werden:

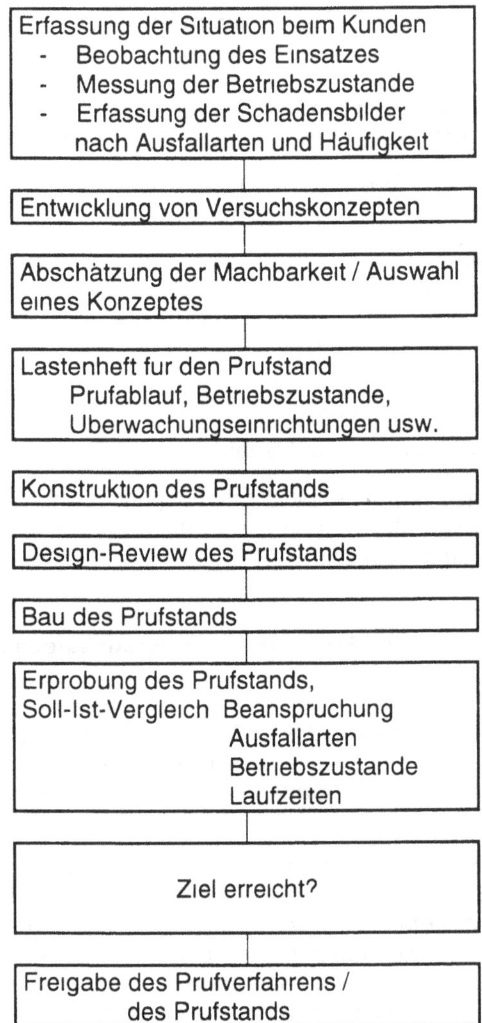

Bild 3-5: Entwicklung und Freigabe von Prüfverfahren und Prüfständen

Die Erprobung ist dann so durchzuführen, daß möglichst alle relevanten Betriebszustände und Ausfallbilder beim Kunden oder Anwender auch intern in der Erprobung mit wirtschaftlichem Aufwand erzeugt werden können.

Dazu sind als erster Schritt die Betriebszustände im Kundeneinsatz durch visuelle Beobachtungen und durch Messungen zu erfassen und zu beschreiben. Sie stellen die Anforderungen, gewissermaßen das Lastenheft für die Prüftechnik dar. Durch einen Soll-Ist-Vergleich zwischen Kunde und Prüfstand ist dann die Fähigkeit der Prüfstände nachzuweisen. Bei Prüfständen für Zuverlässigkeitstests müssen nicht nur die Betriebszustände und Beanspruchungen, sondern auch die Ausfälle im Prüfstand nach Ausfallbild und Laufzeit den Verhältnissen beim Kunden entsprechen. In Bild 3-5 ist der Ablauf zur Entwicklung (oder Modifikation) eines Prüfverfahrens dargestellt.

3.6 Entwurfsüberprüfung

Die Entwurfsuberprüfung ist ein wichtiger Meilenstein der Qualitatssicherung, der vor der Freigabe der Serienvorbereitungen eingeschaltet wird. Das Ziel einer solchen Uberprufung ist abzusichern, daß

die Entwicklung wirklich abgeschlossen ist,
allenfalls noch vorhandene, verdeckte Probleme erkannt und bearbeitet werden,
damit die Voraussetzungen seitens der Entwicklung geschaffen sind, daß dann die Serienprodukte die geforderte Qualitat auch erreichen.

Diese Entwurfsuberprufung sollte in ihrem Aufwand dem Umfang und dem Schwierigkeitsgrad des Produkts angepaßt werden. Bei einfachen Produkten kann dafur ein punktweises Vergleichen des Lastenhefts mit den Ergebnissen der Erprobung ausreichen Bei komplexen Produkten, fur deren Herstellung moglicherweise Spezialprozesse herangezogen werden mussen, kann die Entwurfsüberprufung mehrere Stunden oder Tage umfassen. Dabei werden alle Tatigkeiten und Ergebnisse uberpruft, welche bereits in der Qualitatsplanung vorgesehen waren. Fur solche umfangreichen Entwurfsuberprufungen sind dann geeignete Checklisten erforderlich, die in ihrem Inhalt dem Projektablauf und der Produktstruktur anzupassen sind

Anhang 5 enthalt jenen Teil einer Checkliste, welcher die projektspezifischen Fragen enthalt. An diesen Teil sind dann die produktspezifischen Fragen anzuschließen **Anhang 6** bietet den Auszug eines solchen Teils

3.7 QFD und Erarbeitung von Pflichtenheften für das ganze Produkt oder für einzelne Baugruppen / Bauteile

Die Abkurzung QFD steht fur Quality Function Deployment Dies ist eine Methode aktiver, vorbeugender Qualitatssicherung, welche 1972 in Japan erstmals angewendet und dort auch weiterentwickelt wurde Spater kam sie uber die USA nach Europa Sinngemaß ins Deutsche ubersetzt bedeutet QFD Entwicklung und detaillierte Darstellung von Funktion und Qualitat. Diese Ubersetzung versucht zu beschreiben, was QFD im Rahmen eines Projektes vermag.

3.7.1 Allgemeine Übersicht

Manchmal wird von "QFD-Laien" geglaubt, daß QFD ein Allheilmittel ware, mit dem bei einer Neuentwicklung alle technischen Probleme und Schwierigkeiten vermieden werden konnten, die man beim Vorganger in der Produkteinfuhrungsphase und auch spater hatte. Doch leider ist dies nicht so. QFD ist ein Werkzeug, das bei konsequenter Anwendung weitgehend sicherstellt, daß

alle Anforderungen von Kunden auch in Entwicklung, Beschaffung, Fertigung und Prufung bearbeitet, berücksichtigt und umgesetzt werden, soweit es technisch moglich ist,
alle Zusammenhange zwischen verschiedenen Kundenforderungen erkannt werden

und das alles zu einem fruhen Zeitpunkt, am Anfang eines Projekts, bevor die Probleme sich in Berechnung oder im Versuch, in der Fertigung oder beim Kunden in der Anwendung gezeigt haben

Aus dieser Aufstellung folgt auch ziemlich klar, was QFD **nicht** kann, namlich Probleme lösen. Die Problemlosung muß durch andere Tätigkeiten erarbeitet werden. **QFD ersetzt nicht die Kreativität eines einzigen Entwicklers!**

QFD stellt Fragen, die im Rahmen eines Projektes gelost und damit beantwortet werden mussen. **QFD ordnet die Antworten** (Losungen).

QFD hilft dann, **Schnittstellen definieren**, um mehrere Konstrukteure (Entwickler) zu "synchronisieren", damit es nicht zu Widerspruchen zwischen den von ihnen bearbeiteten, einzelnen Teilgebieten kommt

Die weitere Behandlung der Methode QFD wird zeigen, daß QFD einen betrachtlichen Aufwand, vor allem in der Projektanfangsphase, bedeutet. Daraus folgt die Frage, wann QFD angewandt werden soll und wann nicht.

Wenn fur ein Projekt oder ein Produkt das ganze Know-how vorhanden ist, oder ein uberdurchschnittlich begabter Konstrukteur (Entwickler) alle Zusammenhange kennt und alle Probleme fruhzeitig erkennen kann und dann auch konsequent lost, dann ist unter diesen günstigen Voraussetzungen QFD wirklich nicht notig. Dagegen ist QFD um so notwendiger, je weniger Know-how oder Erfahrungen vorhanden sind Ebenso lohnt sich der Einsatz von QFD nicht fur einfache, risikoarme Entwicklungen Diese Zusammenhange konnen in folgender Matrix zusammengefaßt werden

	Hohe Innovation	Geringe Innovation
Schwierig, risikoreich	QFD generell anwenden	Neues Konstruktionsprinzip suchen
Nicht schwierig, risikoarm	QFD nur gezielt anwenden	Konventionell ohne QFD bearbeiten
Externe Entwicklung	Pflichtenhefte mittels QFD erstellen	Pflichtenhefte konventionell oder mit QFD erstellen

Tab. 3-3: Uber die Anwendbarkeit von QFD

Wie bereits in Bild 3-1 gezeigt wurde, kann QFD vielfach und vielfaltig im Projekt eingesetzt werden. Auch konnen die Moglichkeiten von QFD noch den Bedurfnissen eines Projekts angepaßt werden. Aus diesen Grunden ware es moglich, ein Buch allein uber QFD und seine praktische Anwendung zu schreiben. Daher soll sich dieser Abschnitt auf das Grundprinzip, auf die Auswertung und auf die Verwendung der QFD-Daten beschranken

3.7.2 Vorarbeiten für den Aufbau der QFD-Datenbank am Projektanfang

Projektabgrenzung / Umfeld oder Randbedingungen / Anforderungen

Da es kein Produkt gibt, das fur sich allein verwendet wird, sondern immer ein paar andere Produkte mit dem betrachteten oder mit dem zu entwickelnden Produkt zusammenwirken mussen, muß am Anfang eines jeden Projektes die **Projektabgren-**

zung festgelegt werden. Das bedeutet, es ist zu definieren, welche Produkte in dem Projekt zu bearbeiten (zu entwickeln) sind und welche Produkte, welche Gegebenheiten, außerhalb des Projektes als unveranderlich zu betrachten sind. Sie werden unter den Begriffen **Umfeld, Randbedingungen** oder **Störgrößen** zusammengefaßt. Schließlich sind die **Anforderungen** zu beschreiben. Alle diese drei Vorgaben fur ein Projekt sind in einem **Lastenheft** zusammenzufassen. Diese soll am Beispiel eines Staubsaugers erlautert werden ·

Projektabgrenzung Staubsauger, Schlauch, Saugrohr, diverse Saugdusen, Verpackung

Randbedingungen· Stromanschluß (Nennspannung und ihre Schwankungsbreite)
Art des Untergrunds
Zustand des Untergrunds (naß, feucht oder trocken)
Klima (Temperatur, Luftfeuchtigkeit, Staub in der Luft)
Bediener (Rechts- oder Linkshander, große oder kleine Hand)
Bediener liest die Bedienungsanleitung nicht
Zu beachtende fremde Schutzrechte

Anforderungen . Elektrische / mechanische Sicherheit
Geplante Anwendungen
Anforderungen zu geplanten Anwendungen (Produkt rusten, Arbeitsrichtung, Arbeitsvorgang, Ruckmeldungen vom Staubsauger an den Anwender, Ergonomie)
Zuverlassigkeit
Wartbarkeit, Instandsetzbarkeit
Ruckwirkung auf das Umfeld bei Herstellung, Anwendung, Wartung, Instandsetzung, Entsorgung

Die einzelnen Elemente des so erstellten Lastenheftentwurfs sollten nun klassifiziert werden nach dem Kano-Modell (siehe Abschnitt 2.2) als Begeisterungsfeatures, lineare und Basisanforderungen Wenn sich dabei herausstellt, daß im Lastenheft zu wenig oder keine Begeisterungsfeatures enthalten sind, ist eine Uberprufung und Uberarbeitung des Lastenheftentwurfs dringend zu empfehlen Schließlich sollte der Inhalt der einzelnen Lastenheftelemente uberpruft werden, ob sie als **Was-Elemente** oder als **Wie-Elemente** formuliert sind. In Was-Elementen ist beschrieben, was das Produkt leisten muß, d. h welche Anforderungen es erfullen soll. In Wie-Elementen wurde dagegen bereits vorgegeben, welche Konstruktionsprinzipien oder welche konstruktiven Losungen anzuwenden sind. Durch die Vorgabe von Wie-Elementen wird der Handlungsspielraum des Entwicklers unnotig eingeengt, was zu vermeiden ist. Daraus folgt, daß Wie-Elemente durch Was-Elemente im Lastenheft ersetzt werden sollten, es sei denn, die Wie-Elemente sind (beispielsweise durch die Patentsituation) begrundet. Nach Abschluß dieser Vorarbeiten kann nun mit QFD begonnen werden.

3.7.3 Grundprinzip der QFD-Matrizen

QFD kann die Produkt- und Verfahrensentwicklung schrittweise begleiten Dabei konnen die Anforderungen konsequent von einem Schritt zum nachsten weitergegeben oder umgewandelt werden. Die Anforderungen werden dabei in QFD-Matrizen festgehalten. Dieser Ablauf umfaßt 5 Schritte /3-8 und 3-9/.

Schritt Nr	Vorgang	Zugehorige QFD-Matrix	Bemerkungen
1	Überprufung des Kunden-Lastenhefts und seine Umwandlung in ein internes Hersteller-Pflichtenheft	1	Wichtiges Element der Vertragsuberprüfung
2	Produktentwicklung	2	Produkt-Sollwerte --> Baugruppen-Sollwerte
	Baugruppenentwicklung	3-1 bis 3-n	Baugruppen-Sollwerte --> Bauteil-Sollwerte
	Bauteilentwicklung	4-1 bis 4-m	Bauteil-Sollwerte ---> Bauteil-Merkmale
3	Verfahrensentwicklung	5-1 bis 5-m	Bauteil-Merkmale---> Prozeßschritte
	Prufkonzept erstellen	6-1 bis 6-m	Prozeßschritte---> Prüfschritte
4	Nachweis der erreichten Verfahrensziele	5-1 bis 5-m 6-1 bis 6-m	
5	Nachweis der erreichten Produktziele (Prufungen)	1 und 2 3-1 bis 3-n 4-1 bis 4-m	

Tab.3-4: Abfolge der QFD-Schritte (siehe auch Bild 3-7)

Der erste Schritt wird durch die Matrix 1 gemäß Bild 3-6 uberwacht, in welcher an der Ordinate die Kundenforderungen (oder die Forderungen des Vertriebs) zusammengestellt werden. Am oberen Rand werden jene internen Forderungen an das Produkt und Produktmerkmale angeordnet, mit welchen die Kundenforderungen erfullt werden sollen. Im Rechteck (Korrelationstabelle) zwischen den Kundenforderungen und den Forderungen des internen Pflichtenhefts kann nun festgehalten werden, welches Element des internen Pflichtenhefts mit welcher Kundenforderung zusammenhangt (korreliert) Oberhalb der Korrelationstabelle befindet sich ein Dreieck, in welchem durch "+" und "-" gekennzeichnet werden kann, daß zwei Elemente des internen Pflichtenhefts physikalisch, technisch miteinander zusammenhängen (korrelieren), und zwar gleichsinnig oder entgegengesetzt. "Entgegengesetzt" bedeutet, daß die Verbesserung des einen Merkmals gleichzeitig eine Verschlechterung des anderen Merkmals verursacht Damit konnen die konstruktiven "Knackpunkte" bereits vor Beginn der Konstruktionsarbeit identifiziert werden, sie mussen dann später mit erster Priorität angegangen werden Am unteren Rand der Korrelationstabelle werden die Sollwerte (quantifiziert!) des internen Pflichtenhefts angeordnet, welche dann als Eingangsgrößen (an der linken Seite) der Matrix 2 weiter verwendet werden

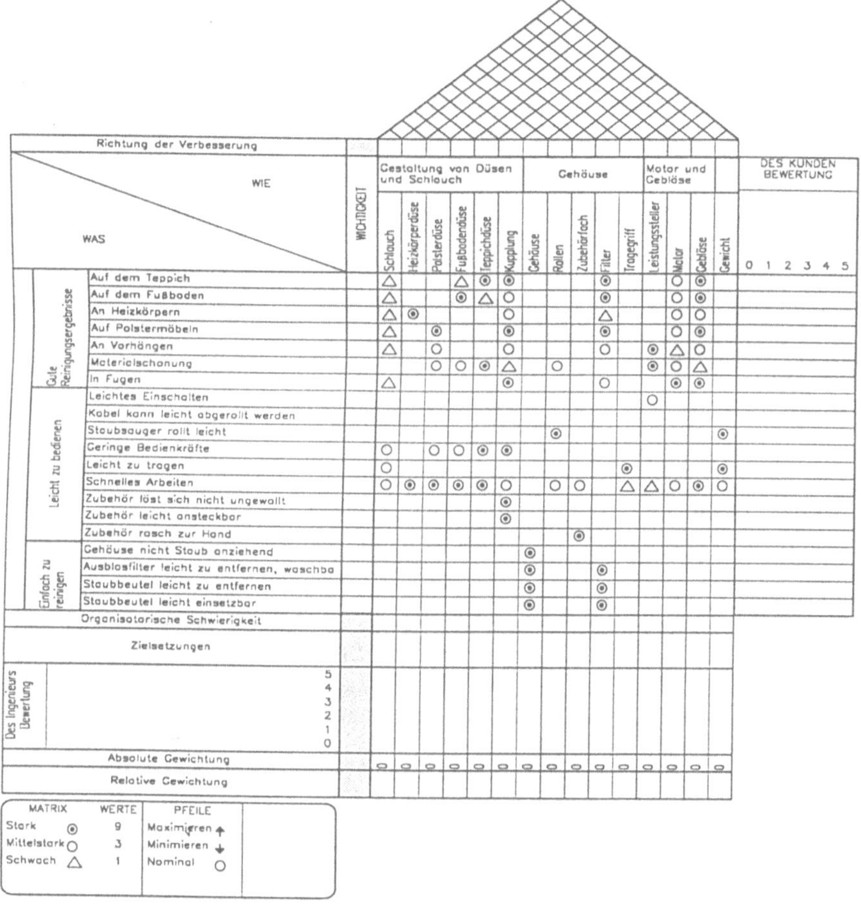

Bild 3-6: QFD-Matrix 1 zur Umwandlung von Kundenforderungen in interne Pflichtenheft-Forderungen

Aus diesem Aufbau ergeben sich nun folgende **Leseregeln für Matrix 1**:

- Die Korrelationspunkte sollen gleichmaßig verteilt sein (Punktwolke), keine Cluster.
- In einer Zeile sollen nicht alle Felder mit Punkten besetzt sein Um dies zu erreichen, sollte die Kundenforderung dann in mehrere Detail-Kundenforderungen zerlegt werden.
- Keine Zeile darf leer sein, denn eine leere Zeile deutet auf eine nicht berucksichtigte Kundenforderung hin.
- Eine leere Spalte laßt mehrere Deutungen zu, so daß in der Interpretation Vorsicht erforderlich ist

  Das technische Merkmal ist fur den Kunden wertlos.

  Das technische Merkmal korreliert mit einer Basisforderung nach dem Kano-Modell, welche selbstverstandlich ist und daher nicht im Lastenheft erscheint.

  Das technische Merkmal korreliert mit einem potentiellen Begeisterungs-feature, das der Kunde noch nicht kennt

- Die entgegengesetzten Korrelationen im Dreieck zeigen die konstruktiven Problempunkte auf, die als erste gelost werden mussen.
- Wenig entgegengesetzte Korrelationen sind "verdachtig", denn Produkte ohne technische Kompromisse gibt es nicht
- Alle Produktmerkmale mussen im Datenfeld unterhalb der Korrelationstabelle zahlenmaßig als Sollwerte festgelegt (quantifiziert) sein

Die in Bild 3-6 dargestellte Matrix 1 enthalt nur die Grundform, die u a noch erganzt werden kann durch

- eine Spalte mit Gewichtungsfaktoren fur die Kundenforderungen
- Datenfelder fur Vergleiche mit dem Wettbewerb
- eine Zeile mit Gewichtungsfaktoren fur die technischen Produktmerkmale
- Zeilen fur Normen, Vorschriften technische Produktmerkmale betreffend .

Diese Aufzählung soll zeigen, wie ausbaufahig und flexibel QFD ist.

Nachdem das **interne Pflichtenheft** mittels der Matrix 1 erstellt und überprüft wurde, ist die Basis gelegt fur das **Konstruktionskonzept**, das zweckmäßigerweise in mehreren Varianten erstellt werden sollte. Es sollte zeigen, aus welchen Baugruppen das zu entwickelnde Produkt bestehen soll und wie ihre grundsatzliche Anordnung sein soll. Aufgrund dieser Konstruktionskonzepte kann dann die **QFD-Matrix 2** erstellt werden. Sie enthalt links von der zentralen Korrelationstabelle die Merkmale und ihre Sollwerte des internen technischen Pflichtenhefts aus der QFD-Matrix 1. Oberhalb der Korrelationstabelle sind die technischen Merkmale der einzelnen Baugruppen einzutragen, am besten baugruppenweise geordnet; darüber das gleiche Korrelationsdreieck fur die Baugruppenmerkmale Unterhalb der Korrelationstabelle sind die Sollwerte fur die einzelnen Baugruppenmerkmale festzulegen. Die **Leseregeln** der QFD-Matrix 1 konnen fur die Matrix 2 ebenso angewendet werden.

Wenn nun das Produkt aus mehreren Baugruppen (Anzahl n) besteht, erhält man n **QFD-Matrizen 3-1 bis 3-n**, fur welche wieder das gleiche Vorgehen gilt wie für Matrix 2. Die Ergebnisse der Matrizen 3-1 bis 3-n sind die Anforderungen an die Bauteile (Anzahl m), aus denen das ganze Produkt aufgebaut ist Diese Anforderungen an die Bauteile werden als Eingangsgroßen an der linken Seite der **QFD-Matrizen 4-1 bis 4-m** verwendet. An der Unterseite der Bauteilmatrizen sind dann die Sollwerte fur die wichtigen Bauteilmerkmale dokumentiert Die Sollwerte fur Baugruppen und Bauteile, die man aus den Matrizen erhalt, sind nach Abschluß der Konstruktion im Normalfall mindestens als Hauptmerkmale einzustufen. Daran kann man also erkennen, daß QFD die Klassifikation der Merkmale zumindest erleichtert!

Nachdem die QFD-Matrizen der Ebene 4 vorliegen, konnen die **QFD-Matrizen 5-1 bis 5-m** fur die Prozeßschritte und die **QFD-Matrizen 6-1 bis 6-m** fur die Prufschritte erstellt werden. Fur sie gelten die gleichen Regeln wie für die Matrizen der Ebenen 1 bis 4.

Leider muß man schnell erkennen, daß dann ab der Baugruppen- oder Bauteilebene sehr viele Matrizen zu bearbeiten waren Um die Anzahl der Matrizen zu reduzieren, ist es notwendig, fur jede Baugruppe und fur jedes Bauteil gemaß Tabelle 3-3 zu bewerten, ob eine QFD-Matrix notwendig ist oder nicht
Der hier beschriebene Datentransfer von einer QFD-Matrix zu den Matrizen der nachstunteren Ebene ist in Bild 3-7 dargestellt

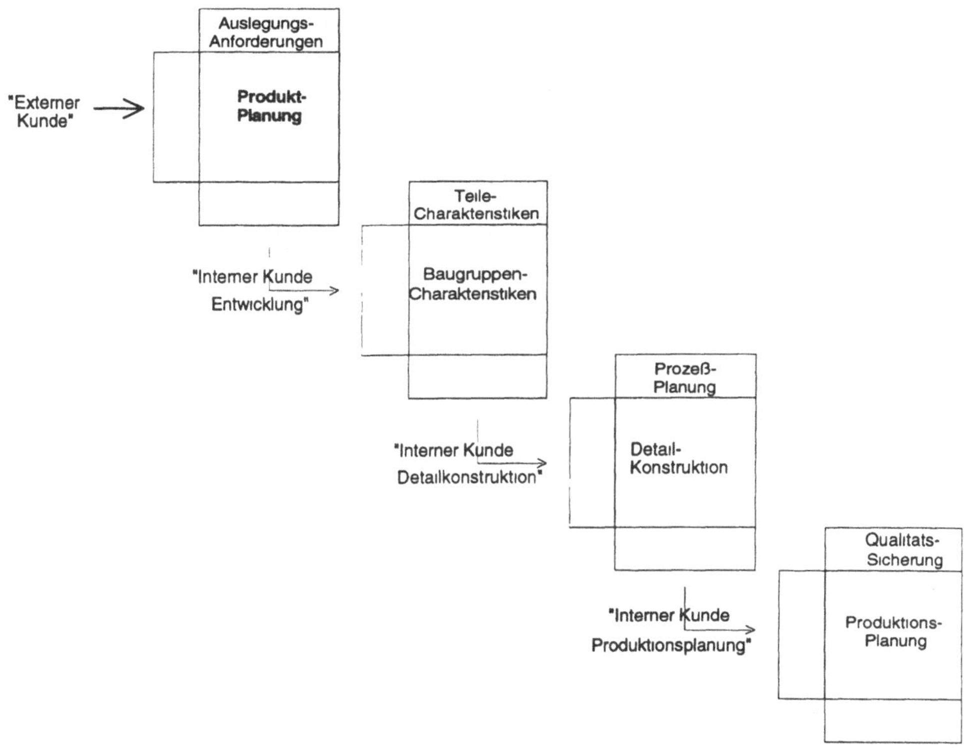

Bild 3-7: Datentransfer von einer QFD-Matrix zur nachsten (QFD-Kaskade)

Der hier beschriebene Vorgang, QFD-Matrizen auf den Ebenen 1 bis 6 zu erarbeiten, läßt sich in der Praxis in der Regel nicht kontinuierlich durchziehen. Die Matrix 1 kann man meist auf Anhieb zu 80 bis 90 % fertigstellen. Bei den Matrizen der Ebenen 2 und 3 spielt der konstruktive Aufbau des zu entwickelnden Produkts eine große Rolle, so daß der QFD-Prozeß dann meist ins Stocken gerat. Man muß geeignete Zwischenschritte aus anderen Verfahren einfugen, um moglichst schnell zu einem geeigneten Konstruktionskonzept zu kommen. Ein solcher Hilfsschritt kann eine kleine ergonomische Studie fur Bewertungsmaßstabe von Konstruktionsvarianten sein. Danach kann der QFD-Prozeß meist zugig fortgesetzt werden.

Literatur

3-1 VDI/ VDE-Richtlinie 3694 "Lastenheft / Pflichtenheft für den Einsatz von Automatisierungssystemen

3-2 VDA-Schriftenreihe "Qualitätskontrolle in der Automobilindustrie Nr. 4", Sicherung der Qualitat vor Serieneinsatz, Abschnitt 5

3-3 Dietrich / Schlosser / Schulze, Fähige Meßverfahren - Die Basis der statistischen Prozeßlenkung, QZ 36 (1991) 3, 153

3-4 General Motors Journal GM 1390, Detroit, Juni 1987

3-5 Ford Measurement System and Equipment Capability EU 1808A London, Dezember 1990

3-6 Schriftenreihe "Qualitatssicherung in der Bosch-Gruppe, Nr 9" Technische Statistik, Maschinen- und Prozeßfahigkeit Stuttgart 1960

3-7 Kersten, FMEA - eine wirksame Methode zur praventiven Qualitatssicherung, VDI-Z 132(1990),Nr 10, Seite 201

3-8 Schuler, Das "Geheimnis" der ersten beiden Spalten, QZ 36 (1991) 8, Seite 474 bis 479

3-9 Hauser / Clausing, The House of Quality, Harvard Business Review Nr.3, 1988

3-10 Wasch, Meßgerätefahigkeit bei vektoriellen Meßgrössen, QZ 37 (1992),5, Seite 272

4 Qualität und Zuverlässigkeit in der Herstellung

Ziel der Herstellung muß es sein, zuverlassige Produkte unter wirtschaftlichen Bedingungen herzustellen Um dieses Ziel zu erreichen, mussen bei der Einfuhrung neuer Produkte Produktion, Beschaffung und Entwicklung als Ganzes betrachtet und projektmaßig behandelt werden. Bild 4.1 zeigt diese projektmaßige Umsetzung in der Produktionsphase nach Abschluß der Entwicklung.

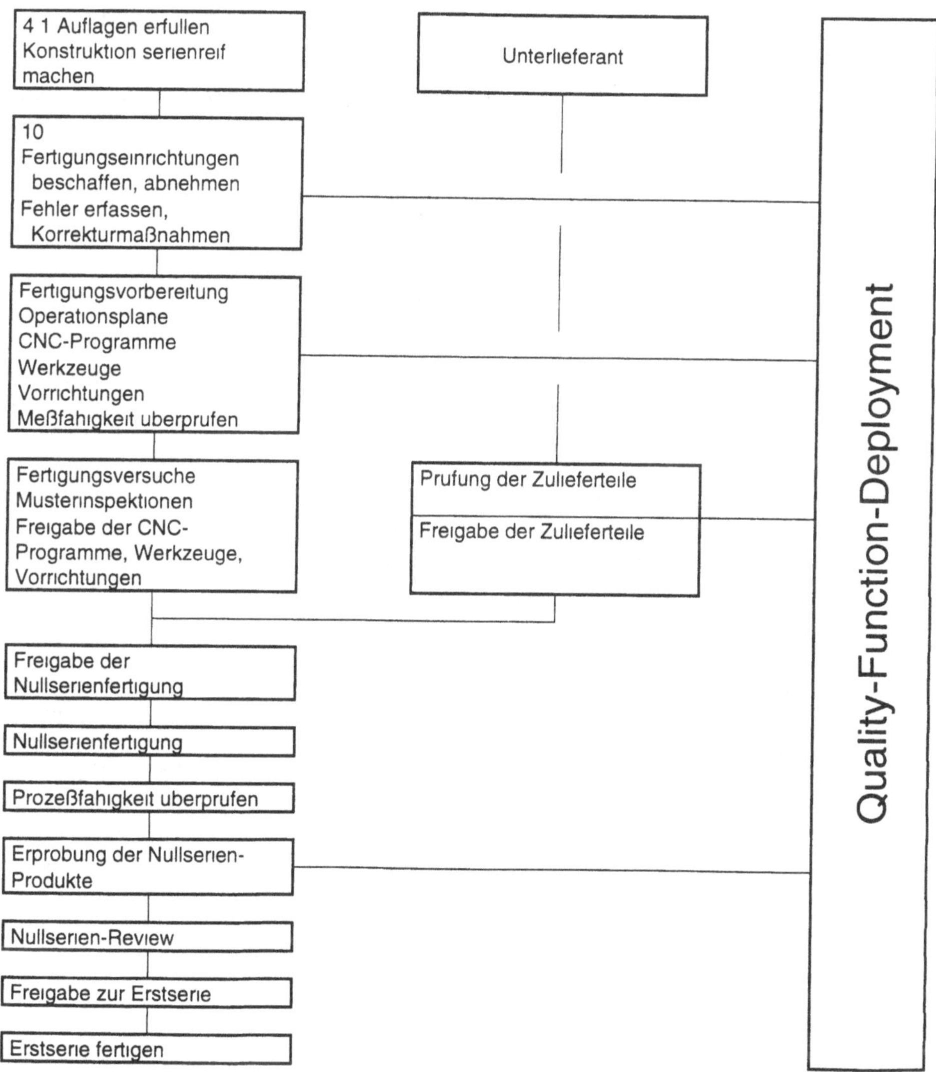

Bild 4.1: Einfuhrung neuer Produkte in der Produktionsphase

Zusatzlich zu einer koordinierten Abwicklung dieser Tatigkeiten mussen noch eine Reihe von Voraussetzungen erfüllt sein·

4.1 Voraussetzungen zur Herstellung zuverlässiger Produkte

In diesem Zusammenhang sind vier Hauptvoraussetzungen zu nennen·

- Die Konstruktion muß fur den Verwendungszweck geeignet sein und die Ansprüche des Kunden (Anwenders) erfüllen.
- Die Prozesse und Verfahren in der Eigenfertigung mussen in der Lage sein, die in der Konstruktion vorgegebenen Merkmale der einzelnen Bauteile vollstandig einzuhalten
- Die fur das Produkt erforderlichen zugekauften Bauteile mussen ihre Spezifikationen einhalten
- Die Montagevorgange mussen die Vorgaben des Konstrukteurs erfullen und durfen die einzelnen Bauteile nicht schadigen

Obwohl in dieser kurzen Aufzahlung drei der vier Hauptvoraussetzungen die Fertigung betreffen, ist trotzdem die erste Voraussetzung die wichtigste. Sie entscheidet mehr als die anderen drei uber Qualitat, Funktion und Zuverlassigkeit. Das bedeutet, daß die Toleranzen, funktionell wichtigen Spiele, Oberfachenbeschaffenheiten und Werkstoffe physikalisch richtig ausgewahlt sein mussen. Dazu dienen die im vorangegangenen Kapitel vorgestellten Methoden

Zusatzlich sollte hier eine Vorarbeit der Entwicklung erwahnt werden, welche fur die Fertigung zuverlässiger Produkte nicht unbedingt erforderlich ist, jedoch der Fertigung und der Qualitatssicherung die Arbeit wesentlich erleichtert:

Die **Klassifizierung der Merkmale** aller Bauteile und Baugruppen:

Leider hat eine Klassifizierung von Merkmalen in der internationalen Normung noch nicht Eingang gefunden, wenn man von dem Entwurf ISO 10205-CD (= Comittee Draft) absieht. In einzelnen Unternehmen hat sich dagegen eine derartige Klassifizierung bereits seit langem bewährt /4-6/. Ausgangspunkt ist in diesen Fällen die Fehlerklassifikation nach DIN 55350, Teil 31. /4-7/ Die Merkmale werden eingestuft und in den Zeichnungen oder in Spezifikationen gekennzeichnet, ob Abweichungen von ihren Toleranzgrenzen kritische Fehler, Hauptfehler oder Nebenfehler verursachen konnen. Diese Merkmalsklassifikation ist dann Grundlage in der Prüfplanung, fur Anforderungen an die Prozeßfahigkeit, fur Anforderungen an die Lieferanten usw (siehe Anhang 7)

4.2 Unterscheidung zwischen Standard- und Spezialprozessen

In der Qualitats-System-Norm ISO 9001 wurde der Begriff Spezialprozeß genormt

Spezialprozesse sind Herstellprozesse, nach deren Abschluß die fur das Produkt notwendigen Eigenschaften oder Merkmale nicht oder nicht vollstandig durch Prufungen nachgewiesen und sichergestellt werden konnen

Statt dessen sind als Problemlosung die Parameter des Herstellprozesses innerhalb der physikalisch richtigen Grenzen zu halten, was dann auch als ausreichender Qualitätsnachweis angesehen wird.

In der Revision der ISO 9001/ 2 / 3, welche nun vom ISO/TC 176 verabschiedet und zur Abstimmung unter den Mitgliedslandern freigegeben wurde, ist der Begriff Spezialprozeß wieder gestrichen und die Forderung erhoben worden, daß jeder Herstellprozeß entsprechend den an ihn gestellten Anforderungen zu qualifizieren ist /4-1/ Diese Forderung ist aus Sicht eines Kunden oder des Anwenders vollig richtig, denn für ihn ist es völlig unwichtig, ob sein Produkt aus einem Spezialprozeß hervorgegangen ist oder nicht; es muß funktionieren und alle Anforderungen erfullen

In Abschnitt 4.3 wird im einzelnen dargelegt, wie ein Standardprozeß soweit zu optimieren ist, damit er seine Anforderungen erfullen kann, und wie er uberwacht werden kann. Die Methoden der Uberwachung und Qualifizierung sind bei Standardprozessen relativ klar und eindeutig. In Abschnitt 4 4 wird dagegen gezeigt, daß bei Spezialprozessen die Verhaltnisse komplizierter sind. Die Entwicklung des Spezialprozesses und seine Qualifizierung sind schwieriger zu planen und durchzufuhren Wenn aber diese Entwicklung und die Qualifizierung systematisch durchgefuhrt und erfolgreich abgeschlossen wurde, kann die Uberwachung eines Spezialprozesses auf die Uberwachung der Prozeßparameter eingeschrankt werden. Dann ist es genauso "einfach" wie bei einem Standardprozeß Am Ende von diesem Abschnitt wird dann gezeigt werden, daß man einen Spezialprozeß in einen Standardprozeß umwandeln kann oder umgekehrt, wenn man die physikalischen Zusammenhange kennt und richtig anwendet. Daraus folgt, daß man die Unterschiede nicht zu hoch gewichten sollte.

Wegen der unterschiedlichen Bearbeitung von Standard- und Spezialprozessen werden jedoch beide Begriffe in diesem Buch beibehalten in folgendem Sinne·

- Herstellprozesse sind in Standard- und Spezialprozesse zu unterscheiden.
- Bei Bauteilen oder Produkten, welche in Standardprozessen hergestellt werden, reicht eine Qualifizierung und Uberwachung durch Prufen einiger Merkmale am Produkt aus.
- Bei Spezialprozessen dagegen werden die technisch-physikalisch relevanten Merkmale am Bauteil oder am Produkt nicht durch Prufen uberwacht.
- Dabei spielt es keine Rolle, ob die Prufkosten, ob die Zeitdauer oder ob die mangelnde Aussagefahigkeit der möglichen Prufungen dafur die Grunde waren.

Solche Spezialprozesse sind beispielsweise das Kugelstrahlen zur Verfestigung dynamisch beanspruchter Bauteile, Reinigungsvorgange wie Sandstrahlen, Entgraten durch Gleitschleifen im Maschinenbau und Burn-in bei der Herstellung elektronischer Bauteile. Auch der Zusammenbau nicht pruffahiger Baugruppen ist ein Spezialprozeß. Weitere Beispiele werden in der folgenden Tabelle 4.1 erlautert

Bauteil / Produkt	Anforderungen	Prozeß	Technisch-physikalisch relevante Merkmale	Eingestellte / uberwachte Prozeßparameter
Schwingend beanspruchte Bauteile	Lebensdauer, Anzahl ertragb. Lastwechsel	Oberflachenhärten	Eigenspannungen an der Oberfläche	C-Potential, Temperatur, Zeit
Kfz-Motore	Keine Einfahrvorschriften fur den Kunden	Einlaufen des Motors im Werk	Oberflächenrauhigkeit	Einlauföl, Zeit, Motordrehzahl, Belastung
Elektromotor / Rotor	Lebensdauer	Rotor wickeln	Füllfaktor, gleichmaßige Wicklung, Drahtgefuge	Drahtzug
Elektromotor / Rotor	Lebensdauer	Wicklungsdraht am Kommutator anschweißen	Ubergangswiderstand, Kommutator-Rundlauffehler Drahtverformung, Drahtgefuge	Elektrodenform Anpreßkraft, Schweißstrom, Schweißdauer
Elektromotor / Rotor	Lebensdauer	Wicklung mit Kunstharz tranken	Optim. Menge, Gleichmaßigkeit	Menge, Temperatur des Rotors, Temp. des Harzes, Position der Harzdüse gegenuber dem Rotor
Diamantwerkzeug	Diamanten müssen im Segment gleichmäßig verteilt sein	Diamanten mit Metallpulver mischen	Diamantmenge pro cm^3	Mischgerat, Zeit, Luftfeuchtigkeit Mischadditive
Kfz-Karosserie	Festigkeit	Punktschweißen	Festigkeit eines jeden Schweißpunkts	Elektrodenform Anpreßkraft, Schweißstrom, Schweißzeit

Tab. 4.1: Beispiele fur Spezialprozesse

Wenn die physikalischen Zusammenhänge vollstandig bekannt sind, ist es moglich je nach Zweckmäßigkeit einen Prozeß als Standard- oder als Spezialprozeß zu fahren. Dies soll nun am Beispiel einer Einsatzhärtung gezeigt werden:

Um an einem Werkstuck aus dem Einsatzstahl 16MnCr5 0,3 mm tief einzusetzen, benötigt man bei einem C-Potential von 0,8 % etwa 2,5 Stunden ab Austenitisierungstemperatur. Der exakte Wert hangt etwas von dem Werkstuck und von der Anlage ab. Wenn dieser Zusammenhang genau bekannt ist , kann man das Einsatzharten auch als Spezialprozeß betrachten, auf die Messung der Einhartetiefe verzichten und nur die Prozeßparameter uberwachen. Als Folge davon mußte die Zeichnung geandert werden, indem die Angabe der Einhartetiefe durch die Angabe der Prozeßparameter und der Hartereianlage ersetzt werden. Aufgrund solcher Uberlegungen konnen auch in der spanabhebenden Fertigung Form- und Lagetoleranzen durch die Festlegung der einzusetzenden Werkzeugmaschine ersetzt werden, wenn durch andere Prüfungen oder Funktionstests nachgewiesen wurde, daß die erreichte Fertigungsqualitat ausreicht.

4.3 Fähige Standardprozesse

In der Vergangenheit mag es in manchen Industriezweigen noch ausgereicht haben, Toleranzen einzuhalten und bei den Teile-Endprufungen AQL-Stichprobenprufungen zu bestehen. Wenn diese beiden Ziele nicht erreicht wurden, mußte sortiert werden und diese Vorgehensweise wurde auch akzeptiert, obwohl bekannt war, daß lediglich Sortierautomaten ihren Zweck erfullten und der Mensch in seiner Unzuverlassigkeit fur solche Sortieraufgaben nicht geeignet ist. Im Grunde genommen hatte man da die existierenden Probleme vielfach einfach negiert.

Heute ist vielfach die Zielsetzung anders. Die Herstellprozesse sind so auszuwahlen und zu optimieren, daß die Prozesse so sicher und stabil sind, daß sie ohne Prufungen fehlerfreie oder nahezu fehlerfreie Serien erzeugen. Der Fehleranteil soll im Bereich zwischen Promille und ppm (parts per million) liegen. Allein diese Zahlen zeigen, daß man solch hohen Anforderungen nicht mehr mit Sortieren oder Stichprobenprufungen genugen kann Dafur mussen andere Methoden herangezogen werden.

4.3.1 Ausarbeitung fähiger Standardprozesse

Es gibt mehrere Wege, zu einem geeigneten Standardprozeß zu kommen. Das kann intuitiv durch richtige, optimale Auswahl des Verfahrens und der Verfahrensparameter geschehen. Das ist der einfachste Weg, der aber nur dann wirklich zum Ziel führt, wenn das Unternehmen uber das notige Know-how und die Erfahrung verfugt. Dann besteht die Ausarbeitung nur aus vier Schritten.

- Auswahl des Verfahrens
- Definition der Verfahrensparameter
- Bestatigung der gewahlten Verfahrensparameter durch einen Fertigungsversuch und
- Freigabe des Verfahrens

Wenn das erforderliche Know-how noch nicht ausreicht, sei es, weil die vorhandene Erfahrung noch fehlt, sei es, weil die Anforderungen diesmal hoher sind als bisher, ist es meist zweckmaßiger, nach folgendem Ablauf vorzugehen. Der Weg ist diesmal langer, er führt aber dann schneller zum Ziel als wiederholtes Probieren, weil er durch Systematik Irrwege vermeiden hilft und die Chancen verbessert, die bestmöglichen Verfahrensparameter in kurzer Zeit zu finden.

Ausgangspunkt dafür ist eine fertige, von der Entwicklung freigegebene Zeichnung, von welcher ausgehend das Fertigungskonzept erstellt wird (siehe Bild 4 2). Als

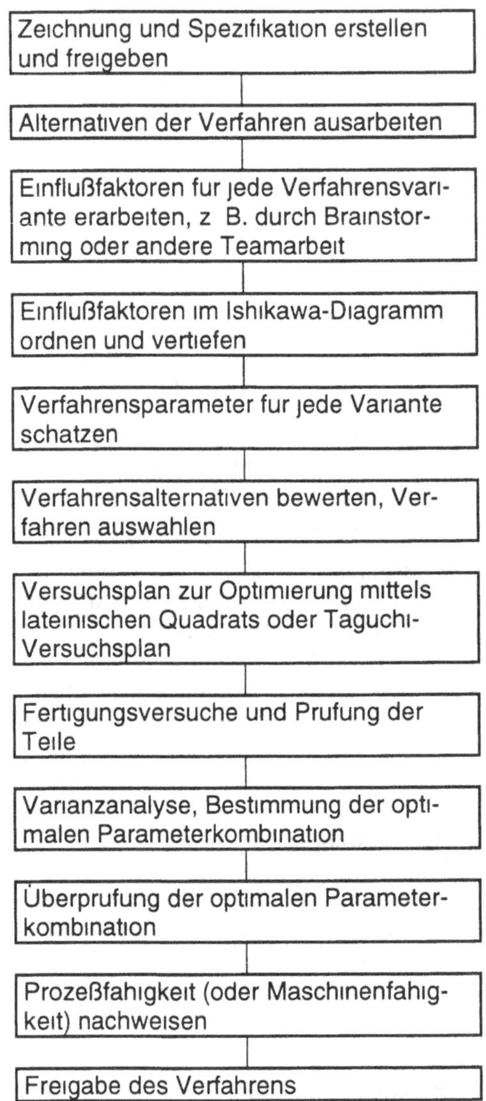

Bild 4.2: Ablauf zur Ausarbeitung fähiger Standardprozesse

nächster Schritt sind die Einflußfaktoren auf ausgewählte (wichtige oder/und repräsentative) Merkmale der zu produzierenden Einzelteile zusammenzustellen. Sie werden zweckmäßigerweise in einem Ishikawa-Diagramm (Fischgrat-Diagramm) geordnet /4-2/ und nach ihrem Gewicht eingeschätzt. Nachdem die Verfahrensparameter für die erste Annahme gewählt sind, ist ein Versuchsplan für die Fertigungsversuche zu erstellen. Dieser Plan kann einem lateinischen Quadrat folgen, nach Taguchi /4-3/ geplant werden oder konventionell alle möglichen Parameter-Kombinationen umfassen. Die Fertigungsversuche sollten dann durch eine Varianzanalyse ausgewertet werden. Sie zeigt an, ob in der Versuchsreihe die wichtigsten Einflußparameter untersucht wurden oder ob noch ein oder mehrere Zusatzeinflüsse mehr Gewicht haben als die untersuchten. Wenn das der Fall ein sollte, muß man wieder von vorne beginnen und einen oder mehrere Verfahrensparameter zusatzlich in die Untersuchung einbeziehen Aus den Ergebnissen der Fertigungsversuche erhält man dann als Hauptergebnis die gunstigste Parameterkombination Sie ist dann in einem abschließenden Fertigungsversuch zu uberprufen, ob sie wirklich bessere Ergebnisse liefert als die vorherigen Einzelversuche, und ob die Anforderungen an die Prozeßfähigkeit erfüllt werden. Die dafür erforderlichen Methoden werden im folgenden Abschnitt behandelt

4.3.2 Beurteilung fähiger Standardprozesse

Standardprozesse werden dann als fahig eingestuft, wenn sie ihre Anforderungen erfullen Diese einfache Aussage macht es notwendig, die Anforderungen an einen Herstellprozeß zu definieren, was vom Grundsatz her sehr einfach ist

> Ein Herstellprozeß ist dann fahig, wenn er fehlerfreie Produkte / Einzelteile liefert, oder wenn der Anteil fehlerhafter Teile den zugelassenen Grenzwert nicht uberschreitet

Dies bedeutet naturlich auch, daß beispielsweise nach einer Verscharfung der Anforderungen ein Prozeß neu beurteilt werden muß und, wenn notig, auch sein Pradikat "fahig" verlieren kann.

Obwohl im Prinzip ein Prozeß auch durch eine attributive Prufung eines oder mehrerer Merkmale beurteilt werden konnte, hat es meist wenig Sinn und wird auch in der Praxis selten angewandt, denn für niedrige Anteile fehlerhafter Teile werden die Stichproben schnell zu groß. Durch messende Prufung ist es mit einer statistischen Auswertung relativ einfach und schnell durchzufuhren Für den haufig vorkommenden Sonderfall einer Gauß'schen Normalverteilung wurde in der Ford-QS-Richtlinie /4-4/ der heute weit verbreitete Prozeßfahigkeitsindex C_{pk}
eingeführt.

$$c_{po} = \frac{T_o - \bar{x}}{3\,s} \qquad (4\ 1)$$

$$c_{pu} = -\frac{T_u - \bar{x}}{3\,s} \qquad (4.2)$$

C_{po}, C_{pu}	oberer, unterer Prozeßfähigkeitsindex
$\bar{x}$, s	Mittelwert und Standardabweichung der Stichprobe
T_o, T_u	obere, untere Toleranzfeldgrenze

Im Idealfall sollte das Maximum der Normalverteilung in der Mitte des Toleranzfeldes sein. Man spricht dann von einem "zentrierten" Prozeß. Dann ist auch der Mittelwert der Grundgesamtheit (siehe Abschnitt 2.3) in der Mitte des Toleranzfeldes, und der Mittelwert der Stichprobe liegt auch in der Nahe des Mittelwerts. C_{po} und C_{pu} sind etwa gleich groß, wenn man von statistischen Schwankungen absieht. Der kleinere Wert von C_{po} und C_{pu} wird dann als der kritische Prozeßfahigkeitsindex C_{pk} bezeichnet.

Da der Prozeßfahigkeitsindex aus den Ergebnissen einer Stichprobe errechnet wird, ist es notwendig, seinen Vertrauensbereich zu bestimmen, damit die Stichproben groß genug gewahlt werden fur die erwunschte Genauigkeit. Als erster Schritt wird fur C_{po} nach Gleichung (4.1) das totale Differential gebildet (4.3):

$$dC_{po} = -\frac{1}{3.s} . d\bar{x} - \frac{1}{3\, s^2} . (T_o - \bar{x}) . ds \tag{4.3}$$

Wenn man als nachsten Schritt die Differentiale durch Differenzen ersetzt und berucksichtigt, daß der Mittelwert $\bar{x}$ und die Standardabweichung s nicht miteinander korrelieren, erhalt man nach einigen Umformungen die Varianz von C_{po}:

$$s^2_{c_{po}} = \frac{1}{9\, s^2} . s^2_{\bar{x}} + c^2_{po} \frac{s^2_s}{s^2}$$

Wenn man fur $s_{\bar{x}}$ einsetzt $s^2_{\bar{x}} = \frac{s^2}{n}$ und fur s_S folgende Naherung gemaß /4-5/

$$s_s = \frac{s}{\sqrt{2\,n-2}}$$

erhalt man (4 4) als Naherung fur den Vertrauensbereich von C_{po}

$$s_{C_{po}} = \sqrt{\frac{1}{9\,n} + s^2_{cpo} \frac{1}{2\,n-2}} \tag{4 4}$$

Dieses Ergebnis kann dann auch auf C_{pu} und C_{pk} ubertragen werden. Wenn man als weitere Naherung

$$n = n - 2$$

setzt, erhalt man schließlich die Gleichung (4 5) als Naherung fur die erforderliche Stichprobengroße n, wenn verlangt wird, daß der Vertrauensbereich ± 0,1 x C_{pk} nicht uberschreiten soll

$$n = u^2_{1-\alpha}\ 100\ \frac{2 + c_{pk}}{18.c^2_{pk}} \tag{4.5}$$

$u_{1-\alpha}$ ist entsprechend der gewunschten Irrtumswahrscheinlichkeit bzw entsprechend der gewunschten Sicherheit der Aussage zu wählen

Der Prozeßfahigkeitsindex erlaubt eine schnelle und anschauliche Beurteilung, so daß er eine weite Verbreitung gefunden hat Indizes unter 1,0 weisen auf bereits nennenswerte Ausschußraten hin, in der Fertigung sind Indizes uber 1,33 anzustreben. Sein Nachteil ist, wie schon oben gesagt, daß er nur fur normalverteilte Merkmale gilt

Wenn diese Voraussetzung nicht mit ausreichender Genauigkeit erfullt ist, muß man als Ausweg auf den Grundgedanken der Formeln (4.1) und (4.2) zuruckkehren:

Der Abstand zwischen Toleranzgrenze und dem Stichprobenmittelwert soll ausreichend groß sein, damit die Wahrscheinlichkeit der Toleranzüberschreitung kleiner als spezifiziert ist. Dies kann man bei nicht normalverteilten Merkmalen dann nur an der Wahrscheinlichkeitsfunktion des Merkmals bei den Toleranzgrenzen ablesen Man muß dann die Stichprobengröße ausreichend groß wahlen, um die Wahrscheinlichkeitskurve mit ausreichender Genauigkeit auch extrapolieren zu konnen. In Tabelle 4 2 sind die Werte C_{pk} und die zugehorende Wahrscheinlichkeit der Toleranzuberschreitung gegenubergestellt, um mit beiden Methoden zu gleichwertigen Ergebnissen zu kommen

C_{pk}	0,5	0,75	1,0	1,33	1,67
Wahrscheinlichkeit der Toleranzuberschreitung an einer Toleranzgrenze	6,68 %	1,22 %	0,135 %	3 10^{-5}	10^{-7}

Tab. 4-2: Wahrscheinlichkeit der Toleranzuberschreitung in Abhangigkeit von der Fahigkeit des Prozesses

4.4 Fähige Spezialprozesse

Da gemaß Definition im Abschnitt 4 2 bei Spezialprozessen aus den verschiedensten Grunden die IST-Qualität der Produkte (oder Einzelteile) durch Prüfungen nicht oder nicht wirtschaftlich uberpruft oder nachgewiesen werden kann, ist vor der Verfahrensfreigabe zu uberprufen und nachzuweisen, daß auch bei Schwankungen der Verfahrensparameter innerhalb ihrer Toleranzen die Einzelteile ihre Anforderungen erfüllen. Dies fuhrt schon bei der Entwicklung von solchen Spezialprozessen zu einem anderen Vorgehen als bei Standardprozessen.

4.4.1 Entwicklung fähiger Spezialprozesse

Da mit Spezialprozessen haufig auch funktionelle Anforderungen (Einhaltung von Reibwerten in sehr engen Grenzen) oder auch Zuverlässigkeitsforderungen verbunden sind, ist unter diesen Bedingungen die Verfahrensentwicklung mit der Entwicklung des Produkts oder des Bauteils eng gekoppelt Es liegt also ein echtes **"simultaneous engineering"** vor. Aus diesem Grund steht am Anfang einer solchen Entwicklung nicht eine fertige Zeichnung wie bei einem Standardprozeß, sondern ein Konstruktionskonzept mit zwei oder mehr Konstruktionsvarianten und ein Verfahrenskonzept mit mindestens ebenso vielen Verfahrensvarianten In Bild 4.3 ist ein dafur geeigneter Ablauf dargestellt

Am Anfang werden mehrere Varianten erarbeitet, fur welche die Konstruktionsmerkmale zu klassifizieren sind in kritische Merkmale, Hauptmerkmale und Nebenmerkmale. Unter den ausgewahlten Fertigungsschritten sind die Spezialprozesse zu identifizieren In brainstorming-artigen Teamsitzungen sind die Einflußfaktoren auf die Spezialprozesse zu erarbeiten und dann in Prozeß-FMEAs zu analysieren Aufgrund der Ergebnisse der FMEAs wird anschließend die Vorauswahl der Konstruktion und des Verfahrens getroffen

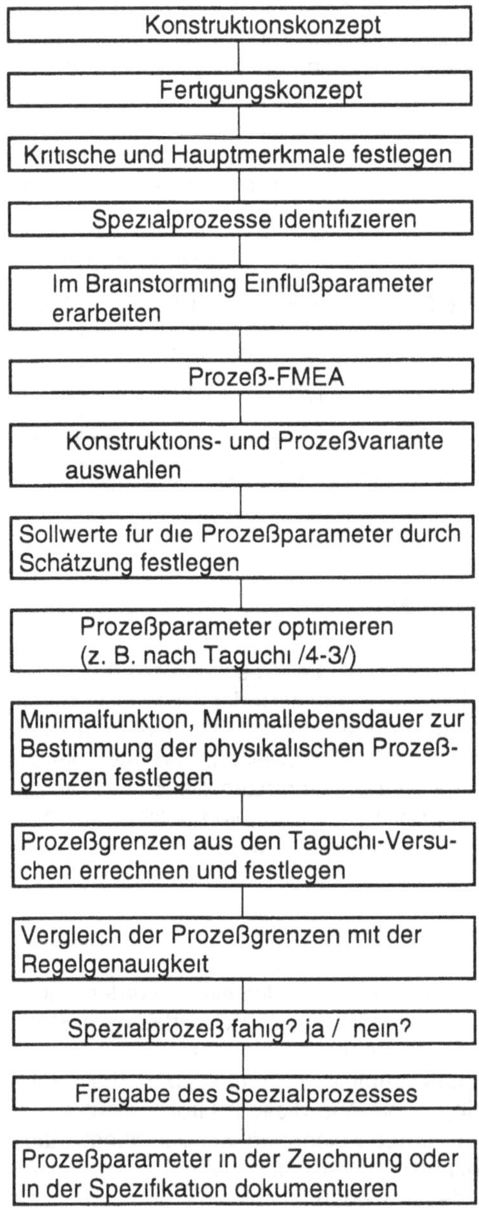

Bild 4.3: Vorgehen zur Entwicklung von Spezialprozessen

Danach folgt die Prozeßoptimierung, in welcher die Sollwerte und die physikalisch notwendigen Toleranzen für die Prozeßparameter erarbeitet werden Abschließend werden diese Toleranzen mit der Regelgenauigkeit der verwendeten Anlagen verglichen und dann der Spezialprozeß freigegeben

4.4.2 Beurteilung fähiger Spezialprozesse

Wie in Abschnitt 4.2 dargelegt wurde, ist die Entwicklung von Spezialprozessen nötig, wenn die Prüfung der Produkte oder Bauteile sehr teuer, zeitraubend oder nur beschränkt aussagefähig wäre. Bei der Entwicklung und Überprüfung von solchen Spezialprozessen muß man aber auf diese aufwendigen Prüfungen zurückgreifen, um überhaupt zu einer Aussage zu kommen.

Prozeß	**Überprüfung Stufe 1**	**Überprüfung Stufe 2**
Oberflächenhärten	Einhärtetiefe bestimmen gemäß DIN 50190 Teil 2	Zuverlässigkeitstest
Einlaufen eines Kfz-Motors oder einer Vakuumpumpe	Zerlegen, Beurteilen von Einlauf-Verschleißbildern	Zuverlässigkeitstest
Einlaufen eines Elektromotors mit Kommutator	Bestehen der Funkentstörprüfung, stabile Stromaufnahme	Zuverlässigkeitstest
Rotor wickeln	Im Querschnitt die Füllung der Rotornuten beurteilen	Zuverlässigkeitstest
Wicklungsdraht am Kommutator anschweißen	Schweißpunkt im Schnitt beurteilen, metallografische Untersuchungen	Zuverlässigkeitstest
Wicklung mit Kunstharz tränken	Ergebnis der Tränkung visuell beurteilen	Zuverlässigkeitstest
Diamanten mit Metallpulver mischen	Diamantengehalt messen Vorsicht: Sehr viele Messungen kleiner Proben nötig	
Punktschweißen	Mehrere typische Schweißpunktformen auswählen, Zerreißversuche	Zuverlässigkeitstest von Schweißpunkten

Zur Beurteilung der Prozeßfähigkeit von Spezialprozessen kann - mit Vorsicht - Gleichung (4.6) herangezogen werden, die von (4.1) und (4.2) abgeleitet wurde

$$c_p = \frac{T_o - T_u}{6\,s} \tag{4.6}$$

T_o, T_u = Toleranzgrenzen für Prozeßparameter
s = Regelgenauigkeit für Prozeßparameter

C_p soll größer als 1 sein.

4.5 Fähige Kleinserien

Aufgrund der kleinen Seriengroßen sind die Methoden der Abschnitte 4.3 und 4.4 für Kleinserien nicht anwendbar, denn die Stichprobengroßen fur eine Maschinenfähigkeitsanalyse konnen die Große einzelner Serienlose bei weitem ubersteigen Daher muß fur Kleinserien nach anderen gleichwertigen Wegen gesucht werden

Das Bild 4-4 zeigt die Einflußfaktoren auf die Zuverlassigkeit eines beliebigen Teils. Sie konnen in diesem Fall in Hauptgruppen zusammengefaßt werden:

- Konstruktion (Zeichnung)
- CNC-Maschine
- Vorrichtung
- Bauteil

Wenn man die Konstruktion des Bauteils hier ausklammert, bleiben drei Hauptgruppen ubrig, die auch dann die Struktur der Ersatzmaßnahmen bilden

- Maschine
  - Abnahme der CNC-Maschine
  - Überprufung der Geradheit von Führungen, Rundlauffehler von Spindeln usw.
  - Nachweis der Maschinenfahigkeit anhand von Bauteilen, welche in Mittelserien gefertigt werden
  - Überwachung der CNC-Maschine
- Beurteilung der Vorrichtung bezuglich der Merkmale in Bild 4-4
- Inspektion aller Merkmale des ersten gefertigten Teils

Zur Überwachung der Ist-Qualität in der nun folgenden Kleinserie ist eine Prüfung gemäß Planung durchzufuhren (siehe Abschnitt 5 1), die alle für die Funktion wichtigen Merkmale umfaßt Der Grundgedanke dieses Konzeptes ist, daß die Maschinenfahigkeit nicht für jedes Bauteil und jedes (wichtige) Merkmal nachgewiesen wird, sondern daß Ergebnisse von mehreren auf der CNC-Maschine gefertigten Bauteilen zusammen bewertet werden. Das Ergebnis dieses Vorgehens - darüber muß man sich im klaren sein - ist dann kein Nachweis der Prozeßfahigkeit, sondern nur eine gut fundierte Abschätzung der Prozeßfahigkeit! Diese Vorgehensweise ist allerdings nur dann moglich, wenn das Bindeglied - hier die CNC-Maschine - ahnlich wie ein Meßmittel einer systematischen Uberwachung unterzogen wird. Eine systematische Maschinenüberwachung ist vor allem dann notwendig, wenn in der Teile-Endprufung nur eindimensional gemessen wird, weil keine 3D-Meßmaschine zur Verfugung steht, obwohl auf einer Frasmaschine dreidimensional gefertigt wird

Diese Vorgehensweise - Abschatzung der Maschinenfahigkeit mittels der Ergebnisse der Maschinenabnahme und Maschinenüberwachung wie bei einem Meßmittel - kann sinngemäß auch auf andere Verfahren übertragen werden, da die Maschinen und Anlagen in der Kleinserie meist flexible Allrounder sind und daher gegenuber Abweichungen vom Idealprozeß weniger empfindlich sind

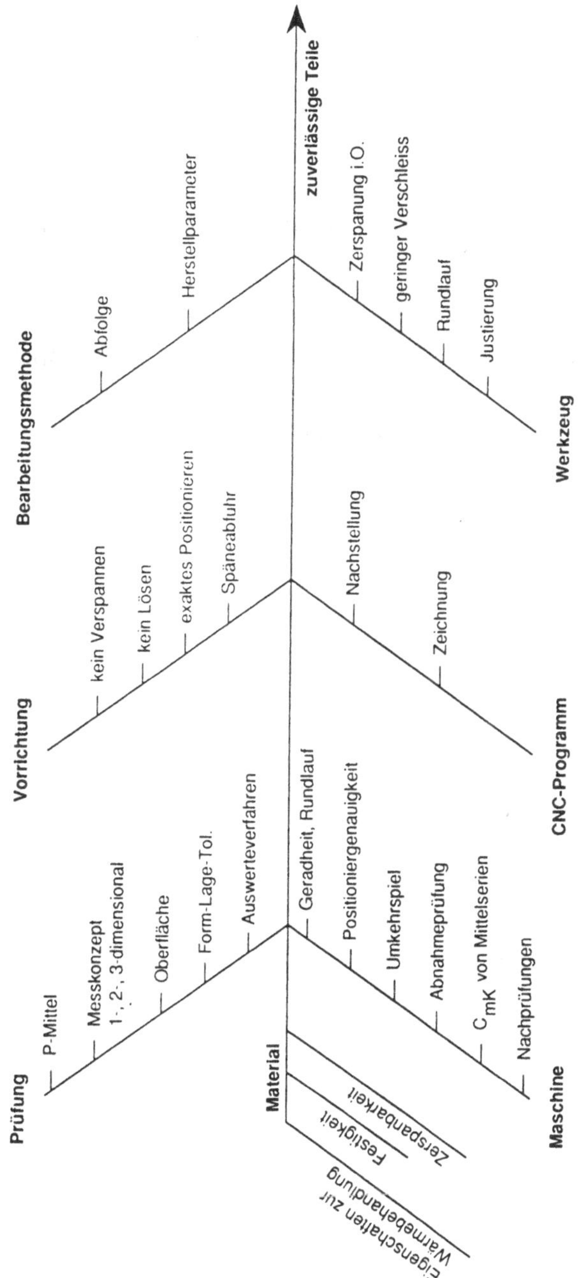

Bild 4-4: Einfluß-Wirkungsdiagramm für die Herstellung zuverlässiger Bauteile auf CNC-Maschinen

Literatur

4-1 Stand der ISO-Normung auf dem Gebiet des Qualitatsmanagements und der Qualitatssicherung, SAQ-Bulletin 4/93, Seite 28

4-2 Masing, Handbuch der Qualitatssicherung,Hanser-Verlag, 1988, 2 Aufl., Seite 809

4-3 Taguchi, Introduction to Quality-Engineering, American Supplier Institute Inc 1986, Dearborn, Mich.
Taguchi, System of Experimental Design, Vol 1 und 2, American Supplier Institute Inc. 1987 Dearborn, Mich.

4-4 Statistische Prozeßregelung, Ford QS-Richtlinie, Qual. Cont. EU 8806, April 1985

4-5 Kreyszig, Statistische Methoden und ihre Anwendungen, Vandenhoeck & Ruprecht, Gottingen,1968

4-6 Hilti-Norm HN 1035 Merkmalsklassifikation, 1980

4-7 DGQ-SAQ-OVQ Schrift Nr 16-26, 1984

5 Nachweis zuverlässiger Produkte

Qualitatsnachweise und Nachweise zuverlassiger Produkte gegenüber Behorden oder Kunden sind Unterlagen, durch welche noch niemals ein Produkt besser geworden ist Sie beschreiben lediglich einen IST-Stand. Sie konnen positiv verwendet werden, um in die Zukunft gerichtet die Qualitat oder Zuverlassigkeit eines Produkts darzulegen, damit Prüfzeichen oder Zertifikate erlangt werden oder damit ein potentieller Kunde Vertrauen faßt zu einem Produkt und seinem Hersteller. Im Schadensfall oder nach Unfallen konnen derartige Nachweise als Rechtfertigung dienen. Man spricht dann von **Nachweisdaten**

Qualitatsnachweise, innerhalb des herstellenden Unternehmens verwendet, zeigen an, wie der Stand der Fertigungsqualitat ist, und daher als Ausgangsbasis fur Verbesserungsmaßnahmen dienen Man spricht dann von **Steuerdaten**

Die folgende Tabelle 5-1 zeigt die verschiedenen Arten von Nachweisen und ihre interne oder externe Verwendung

Art der Qualitats- und Zuverlassigkeitsnachweise	Verwendung intern zur Qualitatssteuerung	Verwendung extern als Nachweis durch den / gegenuber dem Kunden	Verwendung extern als Nachweis gegenuber Behorden
Wareneingangsprufung	X	X	X
Qualitats-Regelkarten	X	X	X
Aufzeichnung von Prozeßparametern	X	X	X
Zwischenprufungen	X	X	X
Endprufungen	X	X	X
Abnahmeprufungen		X	X
Produktaudit	X	X	X
Systemaudit	X	X	X
Qualitatszertifikate		X	(X)
Eingangsprufung beim Kunden		X	X
Qualitatsbeobachtung beim Kunden	X		X

Tab. 5-1: Die wichtigsten Arten der Qualitats- und Zuverlässigkeitsnachweise und ihre Verwendung

5.1 Prüfungen

Wie bereits am Anfang des Abschnitts 5 dargelegt wurde, sind durch extern verwendete Nachweise noch keine Produkte verbessert worden Dies gilt insbesondere fur Prüfungen. Sie haben lediglich eine mehr oder minder große **Chance,** bereits gemachte Fehlleistungen zu entdecken und Korrekturmaßnahmen einzuleiten Sicherheit und Gewißheit bieten Prüfungen wenig, vor allem dann, wenn der Mensch als Prüf- oder Sortiermaschine große Mengen zu prüfen hat. /5-1/ Warum wird dann Prüfen so häufig angewendet?

Der Ursprung des Prufens liegt in den Anfängen der Massenproduktion, als es galt, große Mengen vollig gleicher Teile herzustellen, damit man sie nachher zusammenbauen oder auch untereinander austauschen konnte. Man wahlte die Arbeitsteilung, einer stellte die Teile her, ein anderer prufte, ob sie auch den Vorgaben entsprachen (Taylorismus).

Dieses Prinzip wird beim Wareneingang, nach jedem Arbeitsgang angewandt und schließlich wird das Teil noch einer Endprufung unterzogen Nach dem Versand folgt beim Kunden wieder eine Wareneingangsprufung usw. In der Vergangenheit wurde noch mit dieser Philosophie geworben (6000 Prufer in einem einzigen Automobilwerk). Heute kann man diese Vorgehensweise noch in Schwellenlandern erleben, wo niedrige Löhne dies noch zulassen Tabelle 5-2 soll dies am Beispiel einer Selbstbohrschraube nach DIN 7504 deutlich machen.

Operation	Prufer	Geprufte Merkmale
Kopf der Schraube schlagen	Maschinenbediener	Maße des Schraubenkopfes
	Vorarbeiter	Maße des Schraubenkopfes
Bohrspitze der Schraube schlagen	Maschinenbediener	Maße der Bohrspitze
	Vorarbeiter	Maße der Bohrspitze
Gewinde walzen	Maschinenbediener	Gewindemaße
	Vorarbeiter	Gewindemaße
Warmebehandlung	Prozeßvorschrift	
Verzinkung	Anlagenbediener	Zinkschichtdicke
Endprüfung	Qualitatskontrolle	Maße des Schraubenkopfes Maße der Bohrspitze Gewindemaße Hartemessungen Zinkschichtdicke Funktion

Tab. 5-2: Aufwendiges Prufkonzept einer Selbstbohrschraube (negatives Beispiel)

Insgesamt stehen im Beispiel von Tabelle 5-2 fünf Operationen zwolf Prufvorgange mit jeweils mehreren Merkmalen und eine Funktionsprufung gegenüber Wenn man dagegen die Herstellung von Schrauben als einen hochgradig automatisierbaren Prozeß ansieht, der moglichst effizient ablaufen soll, um die Investitionen wieder zu erarbeiten, verschiebt man die Prufung und die Dokumentation nach vorne in die Phase der Herstellung. Das führt dann zum Konzept des für die Qualität des Produkts verantwortlichen Maschinenbedieners, häufig auch Selbstprüfer genannt. Wenn die Ergebnisse seiner Zwischenprufung fur die Prozeßsteuerung gut genug sind, weshalb sollten sie dann nicht auch fur Dokumentation gegenüber dem Kunden verwendet werden können? Tabelle 5-3 zeigt ein so vereinfachtes Qualitätskonzept, in welchem die Anzahl der Prufvorgange von zwölf auf sechs und eine Funktionsprufung reduziert wurde.

Operation	Prufer	Geprufte Merkmale
Kopf der Schraube schlagen	Maschinenbediener	Maße des Schraubenkopfes
Bohrspitze der Schraube schlagen	Maschinenbediener	Maße der Bohrspitze
Gewinde walzen	Maschinenbediener	Gewindemaße
Warmebehandlung	Prozeßvorschrift	
Verzinkung	Anlagenbediener	Zinkschichtdicke
Endprufung	Qualitatskontrolle	Hartemessungen Zinkschichtdicke Funktion

Tab. 5-3: Gestrafftes Prufkonzept einer Selbstbohrschraube (positives Beispiel)

Trotz dieser Vereinfachung erhebt sich natürlich auch die Frage, ob und unter welchen Bedingungen eine solche Abfolge von Prufungen in erheblichen Stichprobenumfangen erforderlich ist Haufig wird dann die Überwachung des Herstellungsprozesses genannt, wenn der Bediener einen wesentlichen Einfluß auf das Ergebnis hat. Obwohl dies plausibel klingt, ist es doch nur das Eingeständnis eines nicht fähigen Prozesses Aufgrund der Unzuverlässigkeit des Menschen beim Überwachen oder Sortieren kann dies nur als vorubergehender Ausnahmezustand akzeptiert werden und darf keinesfalls ein Dauerzustand bleiben. Selbst der von der Qualitat oder der Funktion her akzeptable Zustand eines Sortierautomaten sollte moglichst aus Kostengrunden durch einen fahigen Herstellprozeß ersetzt werden

Die Ausfuhrungen dieses Abschnittes sollen dem Leser ins Bewußtsein rufen, daß Prufen eine Tätigkeit ist, welche nichts zur Wertschopfung beiträgt und daher nach Moglichkeit vermieden oder zumindest verringert werden sollte. Wenn Prüfen lediglich eine Folge der Versäumnisse vor Serienanlauf ist, gemäß Abschnitt 4 die Fähigkeit der Prozesse sicherzustellen, oder eine Folge des Mißtrauens des Kunden ist, sollte die Qualitätssituation generell verbessert werden, damit man das Prufen auf das vernunftige Maß reduzieren kann: Ein Mittel zur Standortbestimmung und nicht zur Uberwachung einzuhaltender Fehlerprozente Die Abschnitte 5.2 bis 5.4 werden Voraussetzungen und Maßnahmen seitens des Kunden und des Lieferanten behandeln, um das Prufen zu reduzieren oder entfallen zu lassen.

5.1.1 Prüfplanung

Damit das Prufen seinen Teilbeitrag zur Sicherstellung zuverlassiger Produkte leisten kann, muß die Prufplanung zielgerichtet und systematisch durchgeführt werden Es soll nichts dem Zufall oder dem Gutdunken der Prüfer überlassen bleiben. Die Prüfplanung muß die Vorgaben festlegen, wie Prüfungen durchgefuhrt und deren Ergebnisse aufbewahrt werden sollen. Dazu sind unter anderem folgende Daten festzulegen:

- Zu prufende Merkmale
- Zeitpunkt im Operationsplan eines jeden Bauteils
- Prufvorgang (attributiv oder messend)
- Prüfmittel
- Stichprobengröße in Abhängigkeit vom Umfang des Fertigungsauftrags
- Auswerteverfahren und Entscheidungskriterien
- Verteiler der Prufergebnisse
- Datenstruktur, um gesuchte Daten wiederfinden zu konnen
- Aufbewahrungsdauer der Prüfergebnisse
- Aufbewahrungsmedium

Um diese Details mittels der Prufplanung festlegen zu können, müssen die Einflußgroßen auf die Prufplanung bekannt sein

Technische Aussagefähigkeit

- Die zu prufenden Merkmale und die anzuwendenden Prüfverfahren sind so auszuwählen, daß sie zur Beurteilung der Produkte auch geeignet sind. Sie mussen eindeutig sein und zwischen gut und schlecht klare Unterscheidungen ermoglichen

Kundenforderungen

- Anforderungen an das fertige Produkt gemaß Lastenheft (wie Funktion, Leistung, Genauigkeit, Zuverlässigkeit usw)
- Kundenforderungen bezuglich Prufaufwand
- Sprache der Prüfanweisungen, wenn notig mehrsprachig

Externe Vorgaben

- Sicherheitsanforderungen
- Uberbetriebliche Normen, staatliche Vorschriften

Das Produkt mit seinen technischen Details,

- dargestellt durch Zeichnungen, Spezifikationen für Kaufteile .
- dargestellt durch Kennzeichnung von Merkmalen, welche fur Folgeoperationen oder Montage wichtig sind,
- bewertet durch Klassifikation der Merkmale des Produkts, der Baugruppen, der Bauteile bezuglich ihrer Bedeutung für Funktion, Leistung, Zuverlassigkeit
- bewertet durch Erfahrungen mit ahnlichen Produkten, Kaufteilen

Investitionskosten, Prüfkosten, fur jeden einzelnen Prüfvorgang

- (nieder, hoch oder zerstorende Prufung)

Anforderungen an die Rückverfolgbarkeit

- nach Unternehmensrichtlinien oder gemäß Kundenwunsch

Externe Anforderungen wirken sich in der Regel direkt aus, indem sie realisiert werden müssen. Da sie meist auch die gesamte Konkurrenz in gleicher Weise betreffen, sind ihre Auswirkungen solange wettbewerbsneutral, wie die Umsetzung bei allen Mitbewerbern gleich erfolgt Eine effiziente Umsetzung bedeutet daher eine Chance fur einen Vorsprung gegenuber den Mitbewerbern.

Spezielle Kundenforderungen bezuglich Pruftechnik sind ebenso umzusetzen. Mitunter konnen sie dem Kunden direkt angerechnet werden Es sollte aber angestrebt werden, nach klarenden Gesprachen solche Sonderforderungen zu streichen oder nach Anlaufzeiten zu reduzieren

Der Einfluß des Produkts auf die Prufplanung liegt dagegen voll im Gestaltungsbereich des Herstellers oder des Lieferanten. Einerseits durch die technische Losung im Produkt, andererseits durch unternehmensspezifische Regeln, welche die Prufscharfe fur die verschiedenen Merkmale festlegen Mit der Zeit "gewachsene Regeln" haben den Nachteil, daß zwangslaufig man nach Quervergleichen feststellen muß, daß fur manche Merkmale die angewandte Prufschärfe "aus der Reihe tanzt", indem die Merkmale intensiver (oder weniger intensiv) geprüft werden als andere gleichwertige Merkmale Um dies zu vermeiden, ist es zweckmaßig, eine Prufplanungsrichtlinie auszuarbeiten, welche im Minimum die Prüfscharfe in Abhängigkeit von der Merkmalsklassifikation (Kritische Merkmale, Hauptmerkmale, Nebenmerkmale, siehe Abschnitt 4.1) und von dem Prufaufwand (hoch, nieder, zerstorend) und der Prüfart (attributiv oder messend) in einer Matrix festlegt Diese Matrix sollte dann noch durch Schaltregeln ergänzt werden, welche aufgrund der Qualitatsgeschichte eine Prüfreduktion ermoglichen. In Anhang 7 ist der Aufbau einer solchen Prufrichtlinie dargestellt Die Stichprobenvorschrift kann dann nach der Prüfscharfe aus den Normen DIN ISO 2859 oder ISO 3951 oder firmeninternen Auswahlreihen entnommen werden

5.1.2 Sicherstellung richtiger Prüfergebnisse

Um richtige Prufergebnisse intern sicherzustellen, müssen folgende Voraussetzungen erfullt sein

- Methode:	Dies ist eine Aufgabe der Prufplanung (siehe Abschnitt 5.1 1)
- Material.	Beschaffung geeigneter Meß- und Prüfmittel
	Uberwachung der Meß- und Prüfmittel
- Mensch.	Auswahl und Schulung der Mitarbeiter
- Umwelt:	Bereitstellung geeigneter Prüfbedingungen (z. B. klimatisierte Prufräume, Reinräume usw.)

Bei der Auswahl und **Beschaffung der Prüf- und Meßmittel** ist zu beachten, daß sie die Anforderungen an die Meßfähigkeit gemaß Abschnitt 3 5.1 erfüllen. Dazu hat es sich bewährt, im Unternehmen eine Stelle einzurichten (oder in Kleinunternehmen einen Meßmittel-Beauftragten einzusetzen), welche(r) die zukünftigen Benutzer der Geräte in der Auswahl berät, die Beschaffungsanträge überprüft und dann die Geräte beschafft, sowie danach die Geräte einer Eingangsüberprüfung unterzieht und inventarisiert. Anschließend ist die **Meß- und Prüfmittelüberwachung** nach den Forderungen von beispielsweise DIN 10012 zu planen:

- Überwachungsintervall
- Prüfanweisung für die Überwachung erstellen, darin...
- Referenz- bzw. Überwachungsprüfmittel festlegen und deren Überwachung ebenso planen, bis die Überwachungskette zu nationalen Standards geschlossen ist oder...
- Überwachung der Prüf- und Meßmittel bei geeigneten Prüfinstituten planen und veranlassen.

Die Notwendigkeit eines **Meßmittelbeauftragten** wird durch die hohe Innovationsgeschwindigkeit der Meßtechnik, Elektronik und der elektronischen Datenverarbeitung immer notwendiger, denn vielfach muß man leider feststellen, daß speziell in Klein- und Mittelbetrieben die Mitarbeiter in der Entwicklung oder in der Prüfplanung damit überfordert sind.

Zusätzlich dazu gibt es für den Kunden wie auch für den Lieferanten die Möglichkeit, Messungen und Prüfungen an Prüfinstitute extern zu vergeben. Die Prüfinstitute sollten dann nach EN 45003 akkreditiert sein.

5.1.3 Aufbewahrungsfristen

Bevor auf die Aufbewahrungsfristen näher eingegangen wird, muß der Frage nachgegangen werden, wozu Qualitätsdaten aufbewahrt werden, welcher Zweck damit verfolgt werden soll. Sie sollen die Basis bilden ..

- für spätere Qualitätsverbesserungen aufgrund nicht ausreichender Qualität oder Zuverlässigkeit beim Kunden
- für die Bearbeitung von Reklamationen
- für Rationalisierungsprojekte
- zur Abwehr nicht gerechtfertigter Ansprüche in Haftpflichtfällen aufgrund eines fehlerfreien Produkts.

Aus den oben angeführten Zwecken kann dann für jeden dieser Fälle eine Aufbewahrungsfrist festgelegt werden. Dabei ist es zweckmäßig, diese in Abhängigkeit von den möglichen Fehlerfolgen zu wählen. Das ergibt eine Festlegung der Aufbewahrungsfristen in Abhängigkeit von der Merkmalsklassifikation. Weiter ist es notwendig, bei der Aufbewahrungsfrist zu unterscheiden, ob es sich um Dokumente oder Qualitätsdaten aus der Entwicklungs- oder Nullserienphase handelt oder um Dokumente, welche aus der späteren Routinephase einer eingespielten Fertigung stammen. Mit Entwicklungs- und Nullseriendaten soll nachgewiesen werden, daß die Produkte systematisch und sorgfältig entwickelt wurden. Die Überlegungen und Untersuchungen dabei sollen im Bedarfsfall nachvollzogen werden können. Daraus folgt, daß man während der ganzen Produktionszeit eines Produkts auf sie zurückgreifen muß, das heißt, bis die Serie ausläuft. Daran ist noch eine zu bemessende Aufbewahrungsfrist während der Nutzung durch den Kunden anzuschließen. Mit Qualitätsdaten aus der Produktion soll dagegen nachgewiesen werden, daß ein bestimmtes Exemplar den Anforderungen entsprechend hergestellt wurde und daß es die geplanten Prüfungen vor der Auslieferung bestanden hat. Daraus folgt, daß für Qualitätsdaten aus der Produktion die erforderliche Aufbewahrungsfrist mit dem Herstelldatum eines zu betrachtenden Produktes zu laufen beginnt. Daraus ergibt sich folgende Tabelle 5-4:

Verwendung von Qualitätsaufzeichnungen	Fehlerfolgen	Merkmals-klassifikation	Aufbewahrungs-fristen *)
Abwehr von Ansprüchen aus Produkthaftpflicht (= Nachweis eines guten Einzelprodukts)	- Lebens- oder Verletzungsgefahr - Funktionsausfall - Verringerte Zuverlässigkeit	K H H	10 Jahre (2 - 3)mal Gewährleistungsfrist (2 - 3)mal Garantiefrist
Qualitätsverbesserung aufgrund nicht ausreichender Feldqualität beim Kunden	Unzufriedene Kunden	H	(2 bis 3)mal Garantiefrist
Untersuchung von Reklamationen	Unzufriedene Kunden	H	(2 bis 3)mal Garantiefrist

Tab. 5-4: Aufbewahrungsfristen von Qualitätsdokumenten und -aufzeichnungen
*) den Tabellenwerten ist noch der Zeitraum von der Herstellung bis zur Übergabe an den Kunden hinzuzufügen (Transport und Lagerung)

Um die Anforderungen der Tabelle 5-4 bezüglich der kritischen Merkmale optimal umzusetzen, bedarf es dann einiger Überlegungen:

- Möglichst wenig Merkmale als kritisch einstufen.
- Diese Einstufungen sorgfältig überlegen, damit sie nicht verändert werden müssen, denn Veränderungen verursachen Unruhe in der Fertigung
- Die Qualitätsdokumente und Qualitätsaufzeichnungen nach Produktfamilien geordnet ablegen.
- Innerhalb der Produktfamilien in folgende 3 Gruppen gliedern:

  Unterlagen bezüglich Entwicklung, Nullserie und kritischer Merkmale jahrgangsweise ablegen
  Unterlagen bezüglich Hauptmerkmale jahrgangsweise ablegen

Diese Ablagestruktur ermöglicht einen leichten Zugriff auf die Daten und erleichtert die Entsorgung von nicht mehr benötigten Daten.

5.1.4 Rückverfolgbarkeit

Das Ziel der Rückverfolgbarkeit ist ein systematischer Zugriff zu Daten aus der Vergangenheit ausgehend von einem vorliegenden Erzeugnis. Während die Anforderungen der Aufbewahrungsfristen relativ leicht zu erfüllen sind, ist es bei der Rückverfolgbarkeit etwas schwieriger. Dadurch soll ermöglicht werden, daß man ausgehend von einem vorliegenden Produkt – gekennzeichnet durch Seriennummer beispielsweise am Leistungsschild oder durch Losnummer auf der Verpackung eines Massenartikels – auf alle (wichtigen) Daten aus der Herstellungsgeschichte zugreifen kann.

Theoretisch kann man eine exakte Rückverfolgbarkeit für alle Merkmale bis zum verwendeten Rohmaterial beim Wareneingang fordern. Manchmal kann es notwendig sein, die Rückverfolgbarkeit auch auf den Unterlieferanten auszudehnen. In der Praxis ist es dagegen notwendig, sie aus wirtschaftlichen Gründen auf das Notwendigste einzuschränken, beispielsweise dadurch, daß man die exakte Rückverfolgbarkeit durch eine angenäherte Rückverfolgbarkeit ersetzt und deren Rückverfolgbarkeit einschränkt. Darunter versteht man, daß von einer Losnummer eines Produkts ausgehend Qualitätsdaten nur bis zu einer bestimmten Operation exakt rückverfolgbar sind, von da ab nur mehr angenähert. Ein Beispiel soll das erläutern:

Von der Seriennummer eines Elektrowerkzeugs kann exakt auf den Montageauftrag und exakt auf den Fertigungsauftrag des Rotors geschlossen werden und weitergehend noch exakt auf die Auftragsnummer beim Umspritzen der Rotorwelle. Jedoch von dieser Auftragsnummer an gibt es nur mehr eine angenäherte Rückverfolgbarkeit. Es kommen mehrere Auftragsnummern für die Herstellung der Rotorwelle und mehrere Anlieferungen von Stahl in Frage

Nach Erläuterung des Sachverhalts in diesem Beispiel soll nun geklärt werden, ob exakte Rückverfolgbarkeit nötig ist oder angenäherte ausreicht Wenn die Rückverfolgbarkeit eine Kundenforderung ist oder auf eine nationale (Zulassungs-)Vorschrift zurückgeht, ist diese Forderung umzusetzen. Wenn dagegen keine derartigen Vorgaben vorliegen, kann die Rückverfolgbarkeit durch den Hersteller nach eigenem Ermessen geregelt werden. Wenn man die Überlegungen in Abschnitt 5.1.3 auf die zu fordernde Rückverfolgbarkeit anwendet, folgt für Daten über kritische Merkmale, daß exakte Rückverfolgbarkeit erforderlich ist. Die Tiefe der Rückverfolgbarkeit kann dann im Einzelfall festgelegt werden, oder aus den Zeichnungen abgelesen werden, wenn die Herstellung von Einzelteilen für jede Operation durch getrennte Zeichnungen beschrieben wird, in denen dann einzelne Merkmale als kritisch gekennzeichnet sind. Die exakte Rückverfolgbarkeit muß in diesem Fall bis zu jener Operation reichen, in welcher das kritische Merkmal erzeugt wird. Für alle anderen Merkmale reicht angenäherte Rückverfolgbarkeit aus.

5.1.5 Möglichkeiten zur Reduktion des Prüfaufwands

Ausgehend von der Normalprüfung kann je nach Verlauf der Qualitätsgeschichte die Prüfung verschärft oder reduziert werden, wobei es bei der Reduktion zwei Möglichkeiten gibt:

Reduktion der Stichprobengröße oder
Skip-Lot, das heißt, es wird nicht jedes Los geprüft

Die Reduktion der Stichprobengröße wird innerbetrieblich bei Zwischenprüfungen und Teile-Endprüfungen sowie bei der Wareneingangsprüfung häufig, Skip-Lot dagegen meist nur in der Wareneingangsprüfung angewandt Es stellt in diesem Fall eine Übergangsform zu ship-to-stock-Lieferungen (Siehe 5.2) dar Die Voraussetzungen an den Lieferanten sind ähnlich wie bei diesen:

- Ausreichendes Vertrauen in das Qualitätssicherungssystem des Lieferanten.
- Das Qualitätssicherungssystem ist in einem Qualitätshandbuch dokumentiert

- Eine Endprüfung wird durchgefuhrt und die Ergebnisse werden aufgezeichnet.
- Das Qualitatssicherungssystem muß in der Lage sein, Veränderungen der Qualitatslage zu erkennen und die richtigen Korrekturmaßnahmen einleiten konnen.
- Der Lieferant muß Anderungen im Entwurf, in den Produktions- und Prufverfahren, bei den Lehren und Werkzeugen dem Kunden melden.
- Der Artikel (oder die Artikelfamilie) muß kontinuierlich oder zumindest wiederholt gefertigt werden.

An das Produkt, das nach Skip-Lot gepruft werden soll, sind folgende Anforderungen zu stellen:

- Das Produkt muß sich bereits uber einen längeren Zeitraum bewahrt haben und muß bereits in mehreren Losen normal gepruft worden sein, ohne daß die Prufung verscharft werden mußte.
- Mehrere Produkte durfen zu einer Produktfamilie zusammengefaßt werden
- Am Produkt darf kein kritisches Merkmal sein.

Der Kunde muß mit dem Lieferanten eine Skip-Lot-Vereinbarung abschließen, in welcher die Regeln festgehalten sind, und den Lieferanten systematisch uberwachen Er muß die Skip-Lot-Prufungen unregelmaßig durchfuhren, d h nicht regelmaßig nur jede zweite oder jede dritte Lieferung uberprufen. Richtwerte fur die Skip-Lot-Regeln enthalt der Normentwurf DIN ISO 2859 Teil 3, welcher auch die Einschrankungen festlegt:

- Skip-Lot darf nicht mit einer reduzierten Prufung kombiniert werden.
- Bei Qualitatsproblemen muß von Skip-Lot auf Normalprufung umgestellt werden und nicht auf eine reduzierte Prufung.

5.1.6 Bereitstellung von Prüfergebnissen, von Daten an den Kunden

Fur die Bereitstellung der Prufergebnisse fur den Kunden gibt es grundsatzlich **zwei Wege.** Entweder werden die Daten dem Kunden regelmaßig mit der Ablieferung der Ware zugestellt oder sie bleiben beim Lieferanten, wo der Kunde in die Daten Einblick nehmen kann.

Wenn die Ware beim Kunden noch einer technischen Wareneingangsprufung unterzogen werden soll, wird ublicherweise der **erste Weg** bevorzugt, in dem gleichzeitig mit der Ware mindestens die Ergebnisse der Endprufung mitgeteilt werden kann. Dies kann pauschal erfolgen, indem der Hersteller bestätigt, daß die gelieferte Ware bei der Endprufung den Spezifikationen entsprochen hat. Die Ergebnisse der Prufungen des Herstellers konnen formlos durch Protokolle oder in einem Werks(-pruf)zeugnis formlich mitgeteilt werden. Generell gilt in diesen Fallen, daß aufgrund der Prufergebnisse **nur Aussagen über die Stichprobe, nicht aber über die Grundgesamtheit** des für den Kunden gefertigten Loses gemacht werden Uber diese Tatsache muß vor allem der Kunde sich im klaren sein. Das bedeutet, daß ein Werks(-pruf-)zeugnis die eigene Wareneingangsprufung nur erganzen, nicht aber ersetzen kann. Ein Werksprüfzeugnis ermoglicht nicht einen totalen Prufverzicht, es reicht nicht aus fur ship-to-stock-Lieferungen! Fur weitere Details siehe Abschnitt 5.2.

Der **zweite Weg** - Einblicknahme in die Qualitatsaufzeichnungen des Herstellers - kann als Erganzung zum ersten Weg angewandt werden, meistens wird er jedoch bei ship-to-stock-Lieferungen benutzt. Die technischen Voraussetzungen und Vorarbeiten fur solche ship-to-stock-Lieferungen sind in Abschnitt 5 2 behandelt. Die Aufbewahrungsfristen solcher Qualitatsaufzeichnungen mussen sowohl intern, als auch extern geregelt werden

Bei Lieferungen uber Sprach- oder Kulturgrenzen hinweg muß speziell dem Kunden dringend empfohlen werden, die **Sprache(n)** festzulegen, fur die Qualitatsaufzeichnungen und/oder die Werkszeugnisse ausgefuhrt werden sollen.

Im Minimum sollten sie **zweisprachig** sein:
In der Landessprache des Herstellers, damit seine Mitarbeiter wissen, was sie fur den Kunden erarbeiten und auch unterschreiben, und in der Landessprache des Kunden, damit er die Prufergebnisse verstehen, uberprufen und auch bewerten kann Als Ersatz fur die Landessprache des Kunden kann auch Englisch oder eine andere Drittsprache herangezogen werden.

5.1.7 Überwachung fähiger Prozesse

Wenn die Prozeßfahigkeit oder die Maschinenfahigkeit nach Abschnitt 4.3 nachgewiesen ist, genugt es spater in der laufenden Serie nachzuweisen, daß die Prozeßparameter eingehalten wurden, oder aufgrund der Ergebnisse kleiner Stichproben nachzuweisen, daß der Prozeß zentriert ist, das heißt, daß in der Toleranzfeldmitte gefertigt wird. Als konventionelles Uberwachungswerkzeug und Nachweismittel kann eine Prozeßregelkarte herangezogen werden oder die moderne Variante: SPC. Es gibt viele verschiedene Arten von Prozeßregelkarten. Auf ihnen werden fur ausgewahlte Merkmale Warn- und Eingriffsgrenzen fur Einzel- oder Mittelwerte festgelegt und dann dem Maschinenbediener die Uberwachung und Steuerung ubertragen. Die Warn- und Eingriffsgrenzen sind als Teil der Prufplanung festzulegen. /5-2/

Anhang 8 zeigt eine einfache Prozeßregelkarte.

5.2 Prüfverzicht beim Wareneingang

Wie bereits in Abschnitt 5.1 ausgefuhrt wurde, tragt eine Prufung nichts zur Wertschopfung bei Daher ist es notwendig, aus Grunden der Wettbewerbsfahigkeit Prufungen generell moglichst zu reduzieren oder gar entfallen zu lassen. Innerhalb der eigenen Fertigung haben die Werkzeuge der Prozeßregelkarten-Technik und der Prozeßfahigkeit dem Hersteller gute Moglichkeiten geboten, die Prufungen zu reduzieren. Bei der Wareneingangsprufung ist der Sinn einer derartigen Prufung noch aus einem weiteren Grund in Frage zu stellen Welchen Sinn hat eine Prüfung, nachdem eine Ware bereits beim Hersteller einer Endprufung unterzogen wurde?

Ware es nicht aus gesamtwirtschaftlicher Sicht viel besser, alle Anstrengungen auf einwandfreie Ware zu konzentrieren, anstatt erst nach einem Transport uber eine mehr oder weniger lange Strecke zum Kunden festzustellen, daß etwas nicht in Ordnung ist? Ist da nicht der "kleine Regelkreis" innerhalb der Fertigung beim Hersteller wesentlich effizienter, schneller und flexibler? Aus technischer Sicht besteht ja kein Unterschied zwischen einer Zwischenprüfung in der Fertigung, einer Endprüfung und einer Wareneingangsprüfung: Es wird überprüft, ob bestimmte, definierte Merkmale eingehalten wurden oder nicht. Es gibt also aus technischer Sicht eine Reihe von Gründen, den Wert einer Wareneingangsprüfung anzuzweifeln und sie nach Möglichkeit entfallen zu lassen.

Da aber Auslieferung und Wareneingang die Schnittstelle zwischen zwei Unternehmen darstellen, werden an ihr nicht nur technische Regeln, sondern auch **juristische Regelungen** wirksam

Hier gilt die Sorgfaltspflicht bei der Auswahl des Lieferanten, bei der Beschaffung und bei Empfang der Ware. Dies bedeutet, daß der Kunde, der Empfänger der Ware, sich in angemessenem Umfang davon überzeugen muß, daß er die Ware in technisch fehlerfreiem Zustand erhalten hat Im Minimum muß er jedoch

- die Menge der angelieferten Ware,
- die Richtigkeit der angelieferten Ware (keine Verwechslung) und
- die Ware auf Transportschaden überprüfen

Zusätzlich hat der Empfänger die Aufgabe, auch sich von der Qualität der angelieferten Ware im angemessenen Umfang durch Prüfung zu überzeugen (§ 377 HGB)

Begriff	Technischer Fehler	
Definition:	Abweichung von einem technischen Sollzustand	
Beispiel.	Reduzierte Leistung, reduzierte Genauigkeit, Farbabweichung	
Mögliche Folgen beim Kunden·	Zugesicherte Eigenschaften nicht eingehalten	Schaden beim Kunden, Unfall
Beispiel:	Farbabweichung, reduzierte Leistung, reduzierte Genauigkeit eines Meßgeräts	
Juristische Bewertung	Mangel	Fehler
Gesetzliche Regelung	Gewährleistungspflicht	Haftpflicht
Hinweis	Unterschiedliche Verjährungsfristen	

Tab. 5-5: Fehlerdefinitionen

Anmerkung: Gewährleistungspflicht und Haftpflicht sind beide Teile des Zivilrechts Erst wenn technische Fehler durch Fahrlässigkeit (mit)verursacht worden sind, kommt das Strafrecht mit ins Spiel

Die Rechtslage ist nur soweit klar, daß der Kunde in frei und individuell ausgehandelten Verträgen sich davon befreien kann. Ob das durch Qualitätssicherungsvereinbarungen möglich ist, wurde durch Grundsatzurteile noch nicht völlig geklärt. Folglich operieren Kunde und Lieferant in **iuridischen Grenzbereichen**, was entsprechende Vorsicht erfordert. Das heißt im einzelnen eine sorgfältige Abstimmung mit den Haftpflichtversicherungen beider Seiten und eine noch sorgfältigere Analyse und Bearbeitung technischer Risiken, um selbst nicht das Opfer eines Grundsatzurteils zu werden. Das in diesem Buch aufgezeigt Vorgehen der nicht als allgemein gültiges und sicheres Rezept verstanden werden. **Die Wareneingangprüfung entfallen zu lassen, bleibt immer ein riskantes Projekt!** In jedem Fall bedeutet eine derartige Vereinbarung für den Lieferant erhöhte Verantwortung, denn nun steht gegenüber dem Endverbraucher hinter ihm als Sicherung nicht mehr die Wareneingangsprüfung seines Abnehmers.

Um das oben angesprochene Risikopotential zu erläutern, erscheint es an dieser Stelle zweckmäßig, in der Tabelle 5-5 die Unterschiede zwischen technischem und juristischem Fehler und juristischem Mangel darzustellen, da dies bei der Risikobewertung technischer Fehler benötigt wird.

Diese Einleitung soll nun aufzeigen, daß ein Prüfverzicht beim Wareneingang zwar wünschenswert und anzustreben ist, jedoch sorgfältig durchgeführter Vorarbeiten auf technischer und rechtlicher Ebene bedarf.

5.2.1 Risikoanalyse

Der erste Schritt auf dem Weg bis zum Entfallen der Wareneingangsprüfung sollte eine Risikoanalyse sein, denn es gibt eine Reihe von Produkten oder Bauteilen, bei welchen für die vorgesehene Verwendung tatsächlich kein Qualitäts- oder Sicherheitsrisiko besteht. Als Folge davon kann das Ausmaß an Vorarbeiten auf der Seite des Herstellers und des Kunden stark reduziert werden oder sie können ganz entfallen. Eine solche Risikoanalyse kann von einem erfahrenen Konstrukteur intuitiv vorgenommen werden, wenn über das Produkt genug internes Know-how vorliegt. Bei neuen Produkten dagegen, wenn die interne Erfahrung gering ist, sollte eine Konstruktions-FMEA durchgeführt werden.

Als erstes **Beispiel** kann eine einfache **Gewindefurchschraube** herangezogen werden, welche in Konsumgütern häufig zum Zusammenbau von Kunststoffgehäusen verwendet werden. In diesem Fall werden an die Schraube nur geringe Anforderungen gestellt: Sie muß sich leicht eindrehen lassen, sie darf vor Erreichen des Anzugmoments nicht durchdrehen und das Befestigungsauge in einer Gehäusehälfte nicht sprengen. Mechanische Belastungen sind meist gering. In einem solchen Fall würden fehlerhafte Schrauben ohne Eingangsprüfung in der Montage sofort Schwierigkeiten bereiten und der Fehler wäre erkannt. Wenn dagegen eine solche Schraube "in der Nähe" spannungsführender Teile verwendet wird, könnte es gefährlich werden, wenn eine zu lange Schraube richtig konstruierte Isolierstrecken oder Wandstärken reduziert, ohne daß es in der Endprüfung auffällt. Ein FMEA-Team hat eine gute Chance, solche Risikopotentiale zu erkennen und bezüglich der Wareneingangsprüfung die richtigen Entscheidungen zu treffen.

Als zweites **Beispiel** soll hier das Risiko angesprochen werden, daß der Kunde zwar ein Werksprüfzeugnis erhält, das inhaltlich seiner Bestellung entspricht, daß aber eine Bauteil- oder **Materialverwechslung** vom Lieferanten oder auf dem

Transportweg vorliegt Hier sind in einer Prozeß-FMEA die möglichen Folgen aufzuzeigen und zu bewerten. Als Problemlösung - insbesondere für Material, das in einem Spezialprozeß verarbeitet wird - kann eine (einfache) Identifikationsprufung notwendig werden

5.2.2 Technische Voraussetzungen und Vorarbeiten

Wenn geplant wird, auf die Wareneingangsprufung zu verzichten, mussen im Minimum folgende Voraussetzungen erfullt sein oder folgende Vorarbeiten durchgefuhrt werden

Auf der Seite des Lieferanten

- Prozeßfahigkeit
- Der Prozeß muß durch Regelkarten oder durch SPC uberwacht und gesteuert werden
- Die Maschinenbediener mussen fur ihre Aufgabe als "Selbstprufer" qualifiziert sein
- Die Ergebnisse der Stichprobenendprufung mussen aufgezeichnet und ausgewertet werden
- Die Endprufung kritischer Merkmale muß zu 100 % durchgefuhrt werden, moglichst durch Automaten
- Das Fertigungs- und Prufkonzept muß vom Abnehmer genehmigt sein.
- Die technische Dokumentation muß vollstandig und vom Abnehmer genehmigt sein

Auf der Seite des Abnehmers

- Der Abnehmer muß sich davon uberzeugen, daß die oben angeführten Voraussetzungen beim Hersteller erfullt sind, moglichst durch ein Audit des Qualitatssystems
- Durchfuhrung von Produktaudits gemäß Plan
- Beobachtung der Qualitat des Produkts im Einsatz beim Letztverbraucher.

5.2.3 Rechtliche Voraussetzungen und organisatorische Vorarbeiten

Der Abnehmer muß den Hersteller informieren, daß er auf die Wareneingangsprüfung verzichten will und muß dazu einen geeigneten ship-to-stock-Vertrag mit ihm abschließen, welcher auch die erforderlichen Qualitatssicherungsvereinbarungen in einer individuell ausgehandelten Form enthalt Im Detail müssen folgende Regelungen darin enthalten sein.

- Der Hersteller verpflichtet sich, daß die von ihm gelieferten Produkte die definierten Anforderungen erfullen
- Der Hersteller übernimmt Gewahrleistung und Produkthaftpflicht gegenuber dem Endverbraucher, soweit er allfallige Ansprüche zu verantworten hat.
- Anderungen in Entwurf, Herstellverfahren, Wechsel wichtiger Unterlieferanten sind genehmigungspflichtig
- Der Hersteller räumt dem Abnehmer ein Besuchs-, Audit-, Inspektionsrecht ein.

- Der Hersteller gewährt dem Abnehmer Einblick in Qualitätsaufzeichnungen, in FMEA-Protokolle und andere zu definierende Unterlagen.

Der ship-to-stock-Vertrag sollte der Versicherung des Herstellers vor Unterschrift vorgelegt werden, damit sie den Vertrag aus ihrer Sicht prüfen kann. Liefervertrag und Qualitätssicherungsvereinbarung sollten individuell ausgehandelt und verfaßt werden, ohne daß der Abnehmer dem Hersteller Standardlösungen aufzwingt.

5.2.4 Organisatorische Voraussetzungen

Der Abnehmer muß den Hersteller informieren, daß er in Zukunft auf die Wareneingangsprüfung verzichten will und muß mit ihm darüber Verhandlungen beginnen. Bei einseitigem Prüfverzicht trägt der Abnehmer allein das Risiko.

Der Hersteller muß intern jene Fertigungsaufträge kennzeichnen, welche beim Abnehmer keiner Eingangsprüfung unterzogen werden.

5.3 Nachweis durch Auditierung der Entwicklungs- und Herstellprozesse (Q-System-Audit)

Der Grundgedanke eines Audits als Werkzeug der Qualitätssicherung ist, nicht nur die Produkte selbst zu prüfen, sondern auch die Prozesse, welche in der Entwicklung und Herstellung angewandt werden Dabei ist der Schwerpunkt auf die Frage zu legen, ob die Abläufe systematisch und zielgerichtet geplant und dann auch konsequent umgesetzt werden. Als weitere Zielsetzung sollte auch bewertet werden, ob die angewandten Methoden für das herzustellende Produkt zweckmäßig sind, denn es ist niemandem gedient, wenn das Unternehmen zwar ein gut aufgebautes Qualitätssystem hat, aber die vorhandenen Produktionsanlagen für die (hohen) Anforderungen des Kunden nicht ausreichen

5.3.1 Rückwirkungen eines Audits auf Lieferanten und Kunden

Die Ziele eines Audits stellen seine gewünschten Auswirkungen dar.

- Reduktion von Entscheidungsrisiken vor der Vertiefung von Geschäftsbeziehungen
- Ein Audit kann dem Hersteller Sicherheit geben, auf dem richtigen Weg zu sein
- Ein gut durchgeführtes Audit ist eine (nahezu) kostenlose Qualitätsberatung exakt von den Anforderungen des Kunden ausgehend.

Jedoch treten zusätzlich noch ungewollte Rückwirkungen auf den auditierenden Kunden und den auditierten Hersteller auf:

- Ein Audit erhöht die Mitverantwortung des Kunden.
- Einblick in das Q-System des Herstellers.
- Einblick in das Entwicklungs- und Fertigungswissen des Herstellers.

Daher kann es für den Hersteller notwendig werden, ein Audit zu verweigern oder zumindest einzuschränken, wenn die Gefahr besteht, daß in ihm unbedingt geheim zu haltendes Entwicklungs- oder Fertigungswissen offengelegt werden müßte. Dazu gehoren beispielsweise vom Hersteller intern entwickelte Berechnungsverfahren, FMEA-Protokolle, schützenswerte Details zu Spezialverfahren mit hoher Innovationsgeschwindigkeit (z.B. aus der Laser-Technologie). Auditierung von Standard- oder Spezialverfahren, deren Details auch durch ubliche Laboruntersuchungen herausgefunden werden konnten, sollten gestattet werden, denn in solchen Fallen wurde eine Verweigerung oder Einschrankung beim Auditor des Kunden nur den Verdacht auslosen, daß irgendwelche Mangel verborgen werden sollen.

5.3.2 Auditvorgespräch

Aufgrund der in Abschnitt 5.3.1 dargestellten moglichen Ruckwirkungen eines Audits auf Kunden und Hersteller sollten in einem Vorgesprach folgende Fragen geklart werden:

- Ziele des Audits aus der Sicht des Kunden und des Herstellers,
- Auditinhalt (Produkte, Unternehmensbereiche),
- Auditart (System-, Verfahrens- oder Produktaudit),
- Vorlage von QS-Zertifikaten, des Plans und des Berichts des Zertifizierungsaudits
- vertrauliche/geheimzuhaltende Bereiche festlegen,
- Ubergabe des Qualitatshandbuchs, bzw weiterer Unterlagen,
- Auditoren mit ausreichender Qualifikation gemaß DIN 10011 benennen/vorstellen und akzeptieren,
- Auditsprache,
- Auditablauf/grober Entwurf des Terminplans.

Zusatzlich ist im Vorgesprach uber die Frage Einigkeit zu erzielen, ob vor dem Audit vom Auditor an den Hersteller **die Frageliste** zu **übersenden ist oder nicht**, da es dafür keine festen Regeln gibt. Eine vorab ubersandte Frageliste erleichtert dem Hersteller zweifellos die Vorbereitung fur das Audit und fur die Bereitstellung der einzusehenden Unterlagen Des weiteren hat der Hersteller die Gelegenheit, Schwachstellen aufgrund der Frageliste zu erkennen und diese zu bereinigen. Der Auditor hat also die Moglichkeit, uber die Frageliste neue Schwerpunkte in der Qualitatssicherung beim Hersteller zu setzen. Andererseits besteht das Risiko, daß hinter den bereinigten Unterlagen nichts in Ordnung gebracht wird, also der Auditor sich in einem "potemkinschen Dorf" bewegt.

Bei Audits im fremdsprachigen Ausland, bei Audits im außereuropaischen Ausland, kann die **Auditsprache** zu einem ernsten Problem werden. Im Idealfall sollte der Auditor neben seinen fachlichen Qualifikationen auch die Landessprache des zu auditierenden Unternehmens beherrschen. Da dieser Idealfall nicht immer zu realisieren ist, muß nach Auswegen gesucht werden. Vielfach kann in Europa und in Amerika ein Audit in Englisch oder allenfalls in Franzosisch abgewickelt werden, wenn der Auditor die vorgelegten Dokumente beurteilen und Diskussionen folgen kann. Bei Audits im asiatischen Raum kommen zur Sprachbarriere noch zusatzlich fremde Schriften hinzu In diesem Fall grenzt es an Fahrlassigkeit, ein Audit in Englisch abwickeln zu wollen, denn der Auditor kann vorgelegte Dokumente nur in den seltensten Fallen ausreichend beurteilen, und er hat keine Chance, nur annahernd abzuschatzen, was fünf Minuten lang diskutiert wird, bevor er eine kurze Antwort erhalt! Hier gibt es zwei Problemlösungen:

- Delegation des Audits an ein akkreditiertes Institut vor Ort, oder .
- das Audit selbst mit Unterstutzung eines Ubersetzers durchfuhren

Fur die Delegation des Audits muß allerdings das Institut uber ausreichendes Know-how uber Produkte und Herstellverfahren verfugen, was mitunter einen Know-how-Transfer vom Auftraggeber (Kunden) an das auditierende Institut notwendig machen kann Bei Audits mit Ubersetzer-Unterstutzung entfallt das hingegen.

5.3.3 Bewertung vorgelegter QS-Zertifikate

Ein Audit bedeutet beim Kunden einen zusatzlichen Aufwand durch hochqualifiziertes Personal. Es bewirkt beim Hersteller, bei einem nicht zu vernachlassigenden Personenkreis, eine Storung bei den gerade anliegenden Arbeiten im Betriebsablauf. Zur Verminderung solcher Aufwande und Storungen wird haufig angeboten, auf ein **Qualitäts-System-Zertifikat** zuruckzugreifen. Bevor dieser Vorschlag angenommen wird, sollte gepruft werden, ob das Zertifikat in dem aktuellen Fall auch fur alle Produkt-Anforderungen aus der Sicht des Kunden ausreicht. Dazu muß zuerst dargelegt werden, was die Erteilung eines Zertifikats bedeutet

> Beim Zertifizierungsaudit (zeitliche Stichprobe) haben die Auditoren eine weitgehende Übereinstimmung zwischen Soll- und Istzustand des Q-Systems an jenen Betriebsteilen festgestellt, die sie auch auditiert haben (ortliche Stichprobe). Manche Zertifizierungsinstitute, nicht alle, versuchen zusatzlich einzuschatzen, ob die Sollvorgaben fur die Unternehmensziele und Produkte angemessen und zweckmaßig sind.

Im Bewußtsein dieses Sachverhalts ist es nun die Aufgabe der QS-Verantwortlichen des Kunden, die Situation zu uberprufen:

- Aufgrund welcher Basis (beispielsweise Qualitatssystem-Norm) wurde das Zertifikat erteilt?
- War der Aussteller des Zertifikats gemaß EN 45012 akkreditiert?
- Hat der Aussteller des Zertifikats das Audit selbst durchgefuhrt oder an Dritte vor Ort delegiert? An wen? Sind die Dritten vertrauenswurdig?
- Wie alt ist das Zertifikat? Wann ist die Erneuerung des Zertifikats fallig?
- Wurde seit Erteilung der Zertifikats das Produktespektrum des Herstellers durch Neuentwicklungen wesentlich erweitert? Sind durch Ubernahmen neue, nicht zertifizierte Betriebe hinzugekommen?
- Sind die Vorgaben in dem Qualitats-Handbuch des Herstellers fur die Anforderungen des Kunden ausreichend?
- Wurden gemaß Auditplanung alle fur den Kunden besonders wichtigen Q-Elemente auditiert (beispielsweise auch ein Spezialprozeß fur das interessierende Produkt)?

Wenn eine Durchsicht vorgelegter Unterlagen oder ein Betriebsrundgang Zweifel aufkommen lassen sollten, kann eine Reihe von gezielten Fragen die erwunschte Klarung bringen, ohne daß ein Audit durchgefuhrt werden muß. Ansonsten ist ein Audit anzusetzen, zu planen, durchzufuhren und durch gezielt definierte und uberwachte Korrekturmaßnahmen abzuschließen.

5.3.4 Auditvorbereitung beim Kunden

Dazu ist durch den Kunden die Audit-Frageliste zu erarbeiten und fur das Audit einen Zeitplan zu erstellen, damit beim Hersteller die betroffenen Mitarbeiter wissen, in welchem Zeitrahmen sie sich zur Verfugung halten mussen. Wenn vereinbart, ist die Frageliste an den Hersteller zu ubersenden.

Mit PC-Unterstutzung ist die Erstellung der Auditfrageliste wesentlich erleichtert

- Man kann auf Fragelisten bereits durchgefuhrter Audits zuruckgreifen
- Man kann die Frageliste schrittweise aufbauen, indem man als Basis eine Standardfrageliste nach ISO 9001 oder VDA /5-1/ verwendet
- Man kann eine beliebige Zwischenstufe der Frageliste zur Information und Vorbereitung an den Hersteller senden.

Aufgrund dieser Moglichkeiten ergibt sich etwa folgender optimaler Arbeitsablauf·

- Vorhandene (Standard-)Frageliste aufrufen,
- aus Liefervertrag(-sentwurf), Qualitats-Sicherungs-Vereinbarung Zusatzfragen ableiten uber das Qualitatssystem,
- aus der Funktion, aus dem technischen Aufbau des zu beschaffenden Produkts ableiten, zu welchen Bauteilen/Merkmalen die Auditfragen zu stellen sind,
- aus Konstruktions-FMEAs und Prozeß-FMEAs Sollzustande ableiten,
- unwichtige Fragen aus der Standardliste streichen,
- aus der Sicht des Auditors wichtige Soll- und Richtwerte zusammenstellen

5.3.5 Auditvorbereitung beim Lieferanten

Vom Hersteller sind u. a. folgende Unterlagen auf Aktualitat zu uberprufen.

- Organigramme/Stellenbeschreibungen
- Qualitatshandbuch, nachgeordnete QS-Vorschriften und Prufanweisungen,
- Werksnormen, Zeichnungen, Spezifikationen
- kundenbezogene Aufzeichnungen in Beschaffung, Fertigung, Marketing,
- Qualitatsaufzeichnungen, Freigaben
- Reklamationen, Sonderfreigaben, Sperrlager.

Außerdem sind die eigenen Mitarbeiter zu informieren, welcher Kunde auditieren wird, und, wenn notig, die Mitarbeiter zu schulen, wie sie sich gegenuber dem Auditor fur das eigene Unternehmen optimal verhalten. Es ist sehr zu empfehlen, an einen ausreichend qualifizierten Mitarbeiter die Erstellung eines **Audit-Begleit-Protokolls** zu ubertragen, das nach Moglichkeit alle Ereignisse wahrend des Audits und Schlußfolgerungen daraus festhalten soll:

- Fragen des Auditors/Antworten der Mitarbeiter,
- Aussagen, Bewertungen des Auditors,
- weitere Schwachstellen, welche der Auditor nicht entdeckt hat, welche jedoch von den Mitarbeitern des auditierten Herstellers beispielsweise durch Analogieschlusse entdeckt werden

5.3.6 Auditdurchführung/Überwachung von Korrekturmaßnahmen

Der Auditor muß sich bewußt sein, daß er selbst als Vertreter des eigenen Unternehmens mit seinem Verhalten, mit seinen Reaktionen auch auf dem Prüfstand steht: Alle Vorgänge und Einrichtungen, welche der Auditor zu sehen bekommt und er nicht beanstandet, gelten als akzeptiert oder als "in Ordnung" bewertet nach der Regel "Schweigen = Zustimmung" Aus diesem Grund ist seitens des Auditors auch Vorsicht geboten, wenn an ihn Fragen gestellt werden, wie etwa "Was meinen Sie, wenn ...?".

Während des Audits sind durch den Auditor alle Antworten und Beobachtungen festzuhalten, damit sie dann für die Auswertung zur Verfügung stehen. Bei der Auswertung sind die Schwachstellen gemäß Tabelle 5-6 einzuordnen und zu Befunden oder Hinweisen zu verdichten, wobei Abweichungen von klar definierten Sollzuständen (gemäß Normen, Zeichnungen, internen Vorschriften, Qualitäts-Sicherungsvereinbarung usw.) als Befunde einzustufen sind, welche abgestellt werden müssen. Übrige Schwachstellen können durch Hinweise behandelt werden.

Wenn dagegen bereits der Soll-Zustand des Q-Systems gemäß Qualitätshandbuch des Herstellers stark von den Anforderungen des Kunden abweicht, so ist ein breit angelegtes Verbesserungsprogramm für das Q-System oder ein Wechsel des Herstellers erforderlich.

Abweichungen von . .	Einstufung von Audit-Teil-Ergebnissen
einer vereinbarten QS-Norm	Befund
den Qualitäts-Zielen des Herstellers	Befund
der QS-Vereinbarung mit dem Kunden	Befund
von noch nicht schriftlich fixierten Anforderungen des Kunden	Allgemeiner Hinweis Ergänzung der QS-Vereinbarung

Tab. 5-6: Einordnung von Befunden und Schwachstellen

Die Befunde und Hinweise sind in den Auditbericht zu integrieren. Sie sind bei Abschluß des Audits dem auditierten Hersteller in der Abschlußbesprechung zu präsentieren und zu erläutern. Dabei sollte nach Möglichkeit Einigkeit darüber erzielt werden, ob die Befunde zutreffen oder nicht, und die erforderlichen Korrekturmaßnahmen sollten wenn nötig auch sofort formuliert werden Danach muß dem auditierten Hersteller eine angemessene Frist zur Überprüfung des Entwurfs des Auditberichts sowie der Befunde und der Korrekturmaßnahmen samt Abschlußterminen eingeräumt werden. Speziell in größeren Unternehmen ist es dann zweckmäßig, den Auditbericht auch von der Geschäftsleitung gegenzeichnen zu lassen. Danach ist vom Auditor die Durchführung der Korrekturmaßnahmen zu überwachen. Sobald alle Korrekturmaßnahmen abgeschlossen sind, kann dann auch das Audit abgeschlossen werden

5.4 Produktaudit

Das Produktaudit ist eine Uberprufung von auslieferbereiten oder ausgelieferten Produkten. Es soll dadurch das Ergebnis der Entwicklungs- und Herstell-Prozesse uberpruft werden. Es wird in geplanten Intervallen ein Produkt der laufenden Serie oder beim Kunden dem Lager entnommen. Termin und Entscheidung zur Annahme der Lieferung sind nicht an das Produktaudit gebunden.

Beim Konzept fur ein Produktaudit ist ein sinnvoller Kompromiß zwischen Aufwand an Prufzeit, Pruftechnik und Aussagefahigkeit anzustreben Als Beurteilungsbasis kann in diesem Fall ein Vergleich der Ausfallbilder beim Kunden mit jenen in den Prufstanden dienen. Siehe Tabelle 5-7 /5-2/

Pruftechnik	Prufdauer	Anteil erzielter Ausfallarten
Kunde	-	100 %
Prufstande der Entwicklung	100 %	84 %
Simulationsprufstande	2 %	6 %
Simulationsprufstande	6 %	52 %
Simulationsprufstande	32 %	52 % *)

Tab. 5-7: Aussagefahigkeit von Prufstandsversuchen im Vergleich mit Schadensbildern beim Kunden

*) Verschleißbilder deutlicher erkennbar

Aufgrund derartiger Ergebnisse kann nun das Prufkonzept fur Produktaudits erstellt und in Produktauditplanen im Detail periodisch festgelegt werden

Umfang des Produktaudits	Stufe 1	Stufe 2	Stufe 3	Stufe 4
Haufigkeit	h_1	h_2	h_3	h_4
Visuelle Uberprufung der Verpackung	X	X	X	X
Wiederholung der Endprufung		X	X	X
Funktion, Leistung gemaß Pflichtenheft			X	X
Zuverlassigkeitstest (Tab.5-7)				X
Zerlegen			X	X
Bewertung der Ergebnisse	X	X	X	X
Auslosen von Korrekturmaßnahmen	X	X	X	X
Produktaudit-Bericht	X	X	X	X

Tab. 5-8: Prufkonzept fur Produktaudits

Durchfuhrung eines Produktaudits gemaß Prufanweisung:

- Die Musterentnahme erfolgt immer **nach** der normalen Produkt-Endprufung
- Wiederholung der Endprufung
- Uberprufung aller Pflichtenheftforderungen
- Zuverlassigkeitstest
- Zerlegeprüfung

- Uberprüfung einzelner Merkmale an ausgewahlten Bauteilen/Baugruppen.
- Bewertung der festgestellten technischen Fehler
- **Sofortiges** Auslosen von Korrekturmaßnahmen.
- Produktaudit-Bericht erstellen und von Fertigung und Entwicklung gegenzeichnen lassen

Literatur

5-1 Schriftenreihe "Qualitatskontrolle in der Automobilindustrie" Band 6. Qualitätssicherungs-Systemaudit, VDA, Frankfurt a. M., 1991

5-2 Hilti, Prüfkonzept für Werk 3 BQB vom 21. 9. 1992

6 Erfassung der Marktqualität

Mit der Erfassung der Marktqualitat, das heißt mit der Erfassung der Ist-Qualitat beim Kunden werden in der Regel folgende drei Ziele verfolgt:

- Qualitats- und Zuverlassigkeitsvorgaben fur neue oder Nachfolgeprodukte
- Uberwachung der Zuverlassigkeit eines neuen Produkts in der Phase Serienanlauf / Markteinfuhrung
- Aufzeigen von Verbesserungspotentialen

Die dafur verwendeten Kenngroßen wurden bereits zum Teil in Abschnitt 2 vorgestellt .

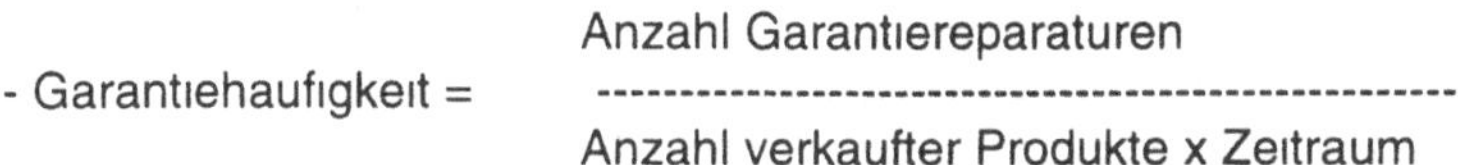

$$\text{- Garantiehaufigkeit} = \frac{\text{Anzahl Garantiereparaturen}}{\text{Anzahl verkaufter Produkte x Zeitraum}}$$

- Zuverlassigkeitsfunktion beim Kunden in Abhangigkeit von der Fahrstrecke in km oder von der Einschaltdauer in Stunden und der

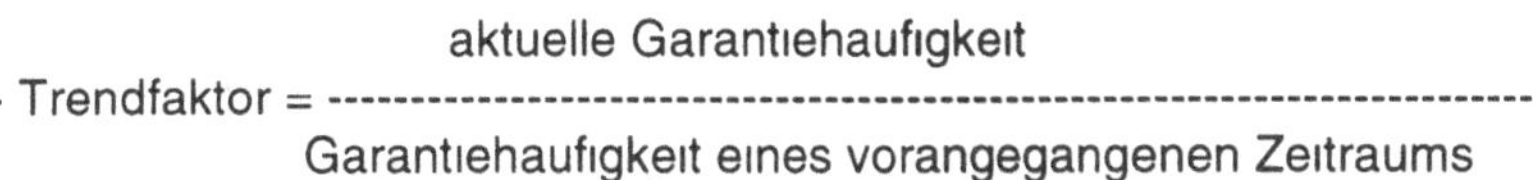

$$\text{- Trendfaktor} = \frac{\text{aktuelle Garantiehaufigkeit}}{\text{Garantiehaufigkeit eines vorangegangenen Zeitraums}}$$

Mit Hilfe des Trendfaktors /6-1/ soll eine Einschatzung der Garantiehaufigkeit in den Folgemonaten ermoglicht und damit eine Entscheidungshilfe fur den Start von Korrekturmaßnahmen geboten werden. Da die Anzahl Garantiefalle und die Anzahl der im beobachteten Zeitraum verkauften Produkte statistische Variable sind, unterliegt die Garantiehaufigkeit statistischen Schwankungen, ohne daß sich etwas an der Zuverlassigkeit der Produkte und der Einsatzbedingungen geandert hatte. Die Interpretation des so ermittelten Trendfaktors ist daher mit Vorsicht vorzunehmen.

In /6-2/ wurde der Vertrauensbereich der Garantiehäufigkeit mit der Poisson-Verteilung berechnet. Danach sind etwa 70 Garantiefalle abzuwarten, um bei einer Aussagesicherheit von 60 % zweiseitig die Garantiehaufigkeit mit einem Vertrauensbereich von +- $^1/_{10}$ der wahren Garantiehäufigkeit zu bestimmen Zahlenwerte dazu sind im Anhang 9 zusammengestellt.

Literatur

6-1 VDA-Druckschrift Qualitatskontrolle in der Automobilindustrie, Band 3, Zuverlassigkeitssicherung bei Automobilherstellern und Lieferanten, 1984

6-2 Kastreuz, Statistische Schwankungsbreite von Reparaturhaufigkeiten, Hilti, Technische Notiz B-004, 1988

7 Die Make-or-Buy-Entscheidung

Es mag überraschen, daß ein Buch über Qualitatssicherung auch einen Abschnitt mit stark betriebswirtschaftlichem Inhalt enthält. Der Grund dafür ist, daß die starke Verflechtung zwischen der Qualitätssicherung und der Wirtschaftlichkeit keine Trennung der beiden Fragen zuläßt und beide Gesichtspunkte gemeinsam betrachtet und gelost werden müssen. Meist ist die betriebswirtschaftliche (Kosten-)Seite schneller und einfacher zu klären. Daher ist es dann häufig zweckmäßiger, von der Betriebswirtschaftlichkeit her die Grenzen abzustecken und dann anschließend geeignete Zulieferanten zu suchen und mit einer zwischen Betriebswirtschaft und Qualitat ausgewogenen Make-or-Buy-Entscheidung zwischen Lieferanten und Eigenfertigung auszuwählen. In der industriellen Praxis gibt es zwei Grenzfalle:

- Die Frage "Zukaufen oder nicht" ist bereits durch eine Beschaffungsstrategie beantwortet oder
- sie für jeden Artikel neu zu beantworten

In der Praxis sind diese Grenzfälle selten Hier werden sie jedoch behandelt, weil an ihnen das Wesentliche am leichtesten zu erlautern ist

7.1 Die Beschaffungsstrategie als Grundlage für die Make-or-Buy-Entscheidung

Es gibt Unternehmen, bei denen sich die Beschaffungsstrategie klar aus der Unternehmenspolitik ergibt.

- (Versand-)Handelshaus
  Die Tatigkeitsfelder des Unternehmens beschranken sich auf Marketing, Lagern, Ausliefern Alles wird zugekauft
- Ein Großabnehmer laßt Produkte exklusiv entwickeln und fertigen
  Alles wird zugekauft.
- Ein innovatives Kleinunternehmen läßt alle Bauteile extern fertigen, intern wird nur entwickelt, montiert und ausgeliefert

Eine solche klare Situation ist aber die Ausnahme Meist ist das Vorgehen bei der Beschaffung im Unternehmen gewachsen. Aufgrund des Know-hows ergab sich, was zugekauft wird und was nicht. Eine Beschaffungsstrategie liegt in schriftlicher Form nicht vor. Diese Situation kann sehr häufig in mittelgroßen Unternehmen angetroffen werden, wie beispielsweise im Anlagenbau, in der Investitionsgüterindustrie Dort werden einzelne Baugruppen wie Gebläse, Motoren, Getriebe usw zugekauft, weil die eigenen Stückzahlen eine Eigenfertigung und -entwicklung nicht rechtfertigen würden Die Eigenfertigung beschrankt sich auf Baugruppen, bei welchen das Unternehmen einen Know-how-Vorsprung hat, bzw. welche extern nicht oder nicht in ausreichender Qualitat beschafft werden konnen

7.2 Situative Make-or-Buy-Entscheidung

Wenn dagegen die Losgroßen in der Fertigung mittelgroß oder groß sind und im eigenen Unternehmen genug Know-how vorhanden ist, kann oder muß aus wirtschaftlichen Gründen (theoretisch bei jedem Artikel) uberprüft und entschieden werden, ob zugekauft werden soll oder nicht. Theoretisch müßte fur diese Entscheidung das gesamte komplexe Umfeld aufgearbeitet werden, wie es im folgenden Abschnitt 7.3 für die Beschaffungsstrategie beschrieben wird. Um diesen Überprufungs- und Entscheidungsaufwand zu verringern, ist es zweckmaßiger, die Entscheidungen für Artikelfamilien blockweise zu erarbeiten, welche unter anderem die Qualitätsanforderungen (insbesondere Zuverlässigkeitsanforderungen), die Herstellverfahren, die Wettbewerbssituation des Unternehmens und den Kostenfaktor berücksichtigen Daraus folgt, daß die Make-or-Buy-Entscheidung keinesfalls ein einfacher Vergleich zwischen Einkaufspreis und Herstellkosten ist, sondern ein komplexes Abwägen mehrerer Einflußfaktoren bedeutet Um die Treffsicherheit dabei zu verbessern und um die Entscheidung zu erleichtern, ist es zweckmaßig, als Unterstutzung eine Beschaffungsstrategie auszuarbeiten

7.3 Erstellung einer Beschaffungsstrategie

Die Beschaffungsstrategie in einem Unternehmen kann in der Vergangenheit aufgrund im Tagesgeschäft intuitiv getroffener Entscheidungen "gewachsen" sein Sie muß aus diesem Grund nicht schlecht sein Wenn aber diese gewachsene Strategie überpruft werden soll oder aufgrund von Veranderungen im Umfeld abgeändert werden muß, ist systematisch vorzugehen Beispielsweise in folgenden drei Schritten

Zuerst sind auf der Ebene der verkaufsfahigen Produkte folgende Bewertungen und Klassifizierungen zu erstellen

- Alle Produkte innerhalb der Marktsegmente müssen als Schlusselprodukte, wichtige Systemkomponenten (wichtiges Zubehor) und als einfaches Zubehör klassifiziert werden,
- die Innovationspotentiale abgeschatzt und bewertet werden und
- die zu erfullenden Qualitatsanforderungen im Vergleich zum Wettbewerb klassifiziert werden (hoher, gleich wie der Marktführer, niedriger als der Marktfuhrer).

Als zweiter Schritt erfolgt auf den Ebenen der Baugruppen und Bauteile eine ahnliche Bewertung bezuglich

- Entwicklungs-Know-how
- Technologien
- Qualitätsanforderungen an die Bauteile/Baugruppen.

Als dritten und letzter Schritt werden fur alle Bauteil- und Baugruppenfamilien Kostenrahmen festgelegt, ob Zukauf oder Eigenfertigung vorzuziehen ist.

Die Ergebnisse dieser Bewertung konnen dann in Tabellenform für eine ABC-Analyse zusammengestellt werden:

Produkt:	gemaß Lastenheft		
Bewertungen	Bewertungsstufen	Eigen- fertigung	Zukauf
Produktbewertung	Schlüsselprodukt wichtige Systemkomponente Einfaches Zubehör	j j n	n n j
Bewertung des Innovationspotentials	hoch mittel niedrig	j n	n j
Einstufung der Qualitätsanforderungen	höher ... gleich wie .. niedriger als der Wettbewerb	j n	j j
Bewertung des Entwicklungs-Know-hows	besser ... gleich wie .. geringer als bei der Partnerfirma	j n	n j
Kosten	Einstandspreis < Grenzkosten > Grenzkosten < Herstellkosten > Herstellkosten	n j*) j	j j n
Gesamtbewertung			

*)Als Ausnahme zulassig, welche mittelfristig abzustellen ist, entweder durch Senkung der eigenen Herstellkosten oder durch Verlagerung in den Zukauf

Tab. 7-1: ABC-Analyse "fertiger Produkte" fur eine Make-or-Buy-Entscheidung

• **Produkt:**	**Baugruppe:**	**Bauteil:**	
Bewertungen	Bewertungsstufen	Eigen-fertigung	Zukauf
Baugruppen- oder Bauteilbewertung	Fur Funktion oder / und Zuverlassigkeit		
	sehr wichtig	j	n
	wichtig	j	n
	nicht wichtig	n	j
Bewertung des Innovationspotentials	hoch	j	n
	mittel		
	niedrig	n	j
Einstufung der Qualitatsziele	hoher. .	j	j
	gleich wie ...		
	niedriger als der Wettbewerb	n	j
Bewertung des Entwicklungs-Know-hows	besser ...	j	n
	gleich wie		
	geringer als bei dem Partner	n	j
Kosten	Einstandspreis ...		
	... < Grenzkosten	n	j
	... > Grenzkosten ... < Herstellkosten	j*)	j
	... > Herstellkosten	j	n
Gesamtbewertung			

*) Als Ausnahme zulassig, welche mittelfristig abzustellen ist, entweder durch Senkung der eigenen Herstellkosten oder durch Verlagerung in den Zukauf

Tab. 7-2: Bewertungstabelle fur Bauteile oder Baugruppen von verkaufsfahigen Produkten

Um die Treffsicherheit der Bewertung in den Tabellen 7-1 und 7-2 zu verbessern, konnen diese noch durch eine Gewichtung der einzelnen Bewertungen erweitert werden

Die Anwendung der Tabellen fur die Make-or-Buy-Entscheidung soll in den Tabellen 7-3 und 7-4 durch Beispiele erlautert werden. Aufgrund der Ergebnisse sollte die Elektronik zugekauft werden und beim Rotor sollten die beiden Varianten Zukauf und Investition in die Rotorfertigung zur Reduktion der Herstellkosten untersucht und bewertet werden. Wegen der Tragweite der Entscheidung beim Rotor erscheint es in diesem Fall als notwendig, in der Geschaftsleitung die Entscheidung zu fallen, wenn nicht die Entscheidung durch die Beschaffungsstrategie oder durch die mittelfristige Planung bereits gestutzt wird.

Produkt: Gewerbestaubsauger	**Baugruppe:** Motor	**Bauteil:** Elektronik mit Leistungssteller und Unterdrucküberwachung	
Bewertungen	Bewertungsstufen	Eigenfertigung	Zukauf
Baugruppen- oder Bauteilbewertung	Für Funktion oder / und Zuverlässigkeit wichtig	j	n
Bewertung des Innovationspotentials	mittel		
Einstufung der Qualitätsziele	gleich wie der Wettbewerb		
Bewertung des Entwicklungs-Know-hows	schlechter als bei dem Partner	n	j
Kosten	Einstandspreis < Herstellkosten	j*	j
Gesamtbewertung		1 x j* 1 x j 1 x n	2 x j 1 x n

Produkt: Gewerbestaubsauger	**Baugruppe:** Motor	**Bauteil:** Rotor	
Bewertungen	Bewertungsstufen	Eigenfertigung	Zukauf
Baugruppen- oder Bauteilbewertung	Für Funktion oder / und Zuverlässigkeit sehr wichtig	j	n
Bewertung des Innovationspotentials	niedrig	n	j
Einstufung der Qualitätsziele	höher als der Wettbewerb	j	n
Bewertung des Entwicklungs-Know-Hows	besser als bei dem Wettbewerb	j	n
Kosten	Einstandspreis . ... > Grenzkosten . . < Herstellkosten	j*)	j
Gesamtbewertung		1 x j*) 3 x j, 1 x n	2 x j, 3 x n

Tab. 7-3 und 7-4: Zwei Bewertungsbeispiele

8 Beschaffung verkaufsfähiger Produkte

8.1 Definition

Darunter werden in diesem Buch Produkte verstanden, welche im Anlieferungs- oder Beschaffungszustand bereits fertig zur Verwendung und damit auch bereit zum Verkauf sind. Sie konnen eigenstandige Produkte zur Abrundung des eigenen Programms oder auch notwendiges Zubehor zu den eigenen Produkten sein Als Beispiele seien hier genannt

- Kraftfahrzeugzubehor (Autoradio, Skitrager, Sicherheitsgurte),
- Ladegerate fur akkubetriebene Gerate (Notebook-Computer, Elektrowerkzeuge, Heckenscheren usw)
- Spannelemente fur Werkzeugmaschinen usw.

Diese Produkte stehen im Gegensatz zu Baugruppen oder Bauteilen, welche in irgendwelche verkaufsfahige Einheiten der Eigenfertigung eingebaut oder Materialien oder Halbzeuge, welche im eigenen Betrieb verarbeitet werden. Auch dafur nachstehend einige Beispiele

Wellendichtringe, Walzlager,
gewalzter oder gezogener Stabstahl,
elektronische Bauelemente, Schalter,
Drehstrommotoren usw

8.2 Beschaffungsablauf verkaufsfähiger Produkte

Die Beschaffung verkaufsfähiger Produkte setzt ein enges Vertrauensverhältnis zwischen Lieferanten und Kunden voraus, denn die so beschafften Produkte werden beim Kunden keiner weiteren Verarbeitung unterzogen, bevor sie an den Endverbraucher ausgeliefert werden Man strebt haufig an, daß die Wareneingangsprufung in solchen Fallen entfallen soll Gebrauchsmangel der zugekauften Produkte wirken sich auch auf des Image der eigenen Produkte aus, wenn beide Gruppen den gleichen Markennamen tragen. Diese Randbedingungen erfordern sorgfältig durchzufuhrende Schritte bei der Einfuhrung

Der hier dargestellte Beschaffungsablauf ist in 4 Phasen untergliedert.

Definition und Angebotsphase mit der Auswahl qualifizierter Lieferanten
Entwicklungsphase
Nullserien-Phase
Serien-Phase

Die einzelnen Schritte in den Phasen sollten in der Regel in der hier angegebenen Reihenfolge abgearbeitet werden. Sie konnen aber, wenn es das Projekt zulaßt, auch in anderer Reihenfolge oder auch gleichzeitig bearbeitet werden. Jede Phase muß jedoch ordnungsgemäß durch den zugehorigen Meilenstein abgeschlossen werden

In der Definitions- und Angebotsphase wird das zu beschaffende Produkt und das Umfeld beschrieben, das heißt, es werden die Unternehmen untersucht, die vielleicht spater als Lieferanten in Frage kommen konnten Als Ergebnis dieser Definitionsphase liegt eine Produktbeschreibung vor, und es ist zu entscheiden, ob

- das am besten geeignete Produkt am Markt zu beschaffen ist, oder
- ein zugekauftes Produkt einer Nachentwicklung zu unterziehen und dann zu beschaffen ist, oder
- ein Produkt nach einem zu erstellenden Lastenheft neu zu entwickeln und dann zu beschaffen ist, und
- ob dafur ein neuer oder ein bereits eingefuhrter Lieferant herangezogen werden soll.

Daraus folgt, daß es in der Entwicklungsphase drei unterschiedliche Ablaufvarianten in Abhangigkeit von den Festlegungen am Ende der Definitionsphase gibt. Alle drei Ablaufvarianten münden in den selben Meilenstein am Ende der Entwicklungsphase: Die Freigabe zum Start der Nullserie.

Die Nullserien- und die Serienphase laufen dann anschließend bei allen drei Varianten gleich ab

8.2.1 Definitions- und Angebotsphase

Aktivitaten, Vorgange	Details siehe
Erstellung des ersten Lastenheftentwurfs	3.1.2
Untersuchung des Wettbewerber-Umfelds,	
Planung des Zuverlassigkeitsprogramms fur die Angebots- und Definitionsphase	8.3.2
Angebote aufgrund des Lastenheftentwurfs einholen und den Selbstauskunftsbogen versenden(Standard + techn. Zusatzfragen)	8.3.1 Anhang 10 und 11
Vorauswahl von in Frage kommenden Lieferanten aufgrund der Selbstauskunftsbogen (Standard + techn. Anhang) und aufgrund der Angebote	8.3.1
Versuchsplan fur Vergleichsuntersuchungen der Produkte des Wettbewerbs gemäß dem Lastenheft erstellen	2.3 / 3.5
Beurteilung der Produkte des Wettbewerbs durch Vergleichstests	2.3 / 3.5
Erstellung der Checklisten fur Auswahlaudits	5.3 / 8.3.1
Lieferantenbeurteilung (durch ein Auswahlaudit) bezuglich - Entwicklungs-Know-how, speziell Versuchstechnik, - Fertigungs-Know-how und Einschatzung des Maschinenparks bezuglich Prozeßfahigkeit, - Qualitatssystem	8.3.1
Uberprufung/Uberarbeitung des Lastenhefts aufgrund der Ergebnisse von Produkten des Wettbewerbs und aufgrund von Anwenderbeobachtungen	3.1.3 / Anhang 3

Aktivitäten, Vorgänge (Fortsetzung)	Details siehe
Meilenstein: Genehmigung des überarbeiteten Lastenhefts Lieferantenauswahl, Entscheidung, ob ... a) Beschaffung des best-geeigneten Produkts mit oder ohne Anpassungen in Farbe oder Design b) Nachentwicklung eines gut geeigneten Produkts, oder c) Neuentwicklung nach einem neuen Lastenheft Planung des Zuverlässigkeitsprogramms in der Entwicklungs-phase	8.2 8 3.3, Anhang 13

8.2.2 Entwicklungsphase

a) Beschaffung des bestgeeigneten Produkts (ohne Änderung)

Aktivitaten, Vorgänge	Details siehe
Uberprufung der Farb- oder Designmuster	2 3.1
Erstellung des Liefervertrags	8.3.4
Erstellung der QS-Vereinbarung	8.3.4
Erstellung der Spezifikation (= Beschreibung des IST-Standes) des ohne Anderung beschafften Produkts	8 3.4
Planung des Zuverlässigkeitsprogamms zur Nullserien-Phase	8 3 3, Anhang 13
Meilenstein: Freigabe zum Start der Nullserie	8 2

b) Nachentwicklung eines bestehenden Produkts

Aktivitäten, Vorgänge	Details siehe
Erstellung des endgültigen Lastenhefts	3.1.2 / 3.1.3
Erstellung eines Vertrags zur Nachentwicklung	8.3.4
Erstellung eines Liefervertrags	8.3 4
Erstellung der QS-Vereinbarung	8.3.4
Erprobung und Beurteilung der Prototypen	2.3 / 3.5
Erstellung der Spezifikation (= Beschreibung des nachentwickelten Produktes)	8.3.4
Planung des Zuverlässigkeitsprogramms für die Nullserien-Phase	8.3.3, Anhang 13
Meilenstein: Freigabe zum Start der Nullserie	8.2

c) Entwicklung eines neuen Produkts

Aktivitäten, Vorgänge	Details siehe
Vor-Entwicklungsvertrag für den Start mit QFD zur Erstellung des Lastenhefts	8.3.5
QFD-Bearbeitung	3.7
Erstellung des Lastenhefts und Angebot für die Entwicklungsphase	3.1 und 8.3.5
Entwicklungsvertrag	8.3.5
Erprobung und Beurteilung der Prototypen	2.3 / 3 5
Durchführung von FMEAs nach Bedarf	3.4
Design-Review	3.6, 8.3.6 Anhang 5, 6
Erstellung des Liefervertrags	8.3 4
Erstellung der QS-Vereinbarung	8.3.4
Erstellung der Spezifikation des neu entwickelten Produktes	8 3.4
Planung des Zuverlässigkeitsprogramms zur Nullserienphase	8 3.3, Anhang 13
Vorarbeiten zur Auswahl des Herstellers	8 2.1
Meilenstein: Freigabe zum Start der Nullserie	8 2

8.2.3 Nullserienphase

Aktivitäten, Vorgänge	Details siehe
Bestellung, Herstellung und Erprobung der Nullserie	2.3 / 3.5
Sicherstellung und Überprüfung der Prozeßfähigkeit	4 4.2
Bestätigungs-Audit	8.3.1
Erstellung der Produkt-Software (Prospekte, Bedienungsanleitung usw)	
Überprüfung der Produkt-Software	
Erstellung/Überprüfung der Serviceware (Reparaturwerkzeuge, Reparaturanweisung, Ersatzteillisten)	
Nullserien-Review	8 3.6
Planung des Zuverlässigkeitsprogramms für die Serienphase	8.3.3, Anhang 13
Meilenstein: - Entscheidung über die Verwendung der Nullserie - Freigabe zum Start der Serienfertigung - Entscheidung, ob Ship-to-Stock-Anlieferung möglich oder Wareneingangsprüfung vorübergehend erforderlich ist.	8 2

8.2.4 Serienphase

Aktivitäten, Vorgänge	Details siehe
Bestellung, Herstellung und Erprobung der Erstserie Auslieferfreigabe Bestellung der Folgeserien	2.3 / 3.5
Beobachtung der Produktqualität im Einsatz beim Kunden	6
Überprüfung der Produktqualität bei der Anlieferung durch Wareneingangsprüfung oder durch Produktaudits Bei Bedarf Bearbeitung von Beanstandungen	5 2
Regelmäßige Bewertung der Produktqualität und des Lieferanten zur Einleitung von Korrekturmaßnahmen	8.3 7
Reduktion der Wareneingangsprüfung, Übergang zu Skip-Lot oder ship-to-stock	5.2
Folgeaudits gemäß Mehrjahresplanung	8.3 7
Meilenstein: Projektabschluß	
Weiterführende Tätigkeiten: Fortführung der Überwachung der Produktqualität und der Lieferantenbewertung Kontinuierliche Verbesserung der Produkte und der Geschäftsbeziehungen	

8.3 Detail-Beschreibung wesentlicher Schritte zur Beschaffung verkaufsfähiger Produkte

8.3.1 Lieferantenauswahl und Lieferantenbestätigung

Nachdem ein erster Entwurf für das Lastenheft vorliegt und das Beschaffungsprojekt von der Geschaftsleitung genehmigt worden ist (siehe Make-or-Buy-Entscheidung, Kapitel 7), muß in der Angebots- und Definitionsphase der Lieferant ausgewahlt werden, mit dem man im weiteren Verlauf des Projekts zusammenarbeiten will Daher ist die Lieferantenauswahl eine sehr wichtige Entscheidung, welche für den Erfolg entscheidend ist Als Basis für die Lieferantenauswahl ist zuerst ein **Soll-Lieferantenprofil** auszuarbeiten, das zumindest grob die Anforderungen an den neuen Lieferanten umreißt

Firmengröße beschrieben durch Umsatz, Anzahl Mitarbeiter insgesamt, in der Entwicklung, in der Verfahrensentwicklung usw

Fertigung

Zu beherrschende Standardprozesse und Spezialprozesse

Kriterien zur Einschatzung der Prozeßfahigkeit, wie Prozeßfähigkeitsindizes bei Standardprozessen, Hersteller/Herkunft wichtiger Maschinen oder Anlagen, anzuwendende Methoden der Verfahrensentwicklung für Spezialprozesse, mittlere Losgrößen, spezielle Anforderungen an die Lagerung von Rohmaterial, Halbzeug oder Fertigprodukte

Entwicklung

Anzuwendende Entwicklungsmethoden, wie Finite Elemente, statistische Tolerierung, Versuchsplanung nach Taguchi, mehrjährige Erfahrung mit FMEA, Bereitschaft zu QFD, Erfahrung mit Zulassungsstellen usw.

Anforderungen an das QS-System des Lieferanten

Wenn der Lieferant weitgehend selbstandig nach einem Kunden-Lastenheft entwickeln soll, ist ISO 9001 erforderlich. Wenn er nur fertigen soll oder der Kunde sich an der Entwicklung stark beteiligen will, reicht ISO 9002 aus Bei einfachen Produkten, fur welche eine abgesicherte Endprüfung bereits genugt, mag bereits ISO 9003 ausreichen. In der Praxis trifft das aber selten zu. Dagegen ist eine Anforderungsstufe zwischen ISO 9003 und ISO 9002 relativ haufig nötig, wenn es darum geht, einfache Produkte in einer gleichmaßigen Qualitat fur mittlere bis hohe Anforderungen herzustellen (siehe Anhang 12, Abschnitt E 2)

Bereitschaft zur Auditierung oder vorhandene Zertifikate

Logistik

Versorgungssicherheit bei Bauteilen, speziellen Materialien, Lagergroße, Bereitschaft für Just-in-Time oder Kanban

Anforderungen an die Lieferfähigkeit des Lieferanten und der Unterlieferanten

Hier geht es um die Leistungsfähigkeit (Mengen), Flexibilität (Lieferfrist nach Bestellung) und um die mittel- und langfristige Versorgung. Ist es absehbar, daß benotigte Teile oder Materialien von Unterlieferanten nicht mehr beschafft werden konnen?

Möglichkeiten der Kommunikation mit EDV
Speziell dann, wenn eine gemeinsame Entwicklung von Kunde und Lieferant vorgesehen ist, sollte abgefragt werden, ob eine CAD-CAD-Kopplung oder eine CAD-CAM-Kopplung zwischen Kunden und Lieferanten möglich ist und ob auch die Bereitschaft dazu vorliegt. EDV-Kopplung der logistischen Systeme kann von Vorteil sein, sie ist jedoch unbedingt erforderlich, wenn später Just-in-Time-Lieferungen geplant sind.

Diesem Anforderungsprofil ist dann der Ist-Zustand gegenuberzustellen, der aufgrund folgender Informationen einzuschatzen ist

Angebot / Selbstauskunftsbogen / Referenzliste
allgemeiner Firmenbesuch / Auswahlaudit
Beurteilung / Test von Mustern

Die Lieferantenauswahl sollte eine abgestimmte Teamentscheidung zwischen Marketing, Beschaffung und der Qualitätssicherung sein Wenn die Entscheidung bei der Beschaffung oder beim Marketing allein liegt, ist jedoch der Qualitatssicherung ein Vetorecht einzuraumen Gleichzeitig mit der Lieferantenauswahl mussen dann noch Korrekturmaßnahmen festgelegt werden, denn "maßgeschneiderte Lieferanten" kann man in der Regel nicht erwarten

Als Einfuhrung enthält der Anhang 10 einen **"Standard-Selbstauskunftsbogen"**, welcher Firmengroße, Position des Betriebs in einem Unternehmensverbund, Produktionsprogramm, angewandte Produktionsverfahren, Organisation, Entwicklung, Qualitatssicherung und Logistik abfragt Bei gezielten Anfragen in Zusammenhang mit einem speziellen Produkt oder mit einem Projekt empfiehlt es sich, noch einen **Anhang** anzufugen, der **mit Spezialfragen** direkt auf das Projekt ausgerichtet ist (siehe Anhang 11)·

Eine weitere wichtige Grundlage für die Lieferantenauswahl sind die Ergebnisse des Auswahlaudits Zusatzlich zu diesem wird in Abschnitt 8 2 3 noch ein Bestatigungsaudit empfohlen Da bereits in Abschnitt 5.3 das Grundsätzliche über Audits behandelt wurde, soll hier nur auf die Probleme, Chancen und Unterschiede zwischen **Auswahlaudit** und **Bestätigungsaudit** eingegangen werden. Vielfach wird das Auswahlaudit auch als Voraudit bezeichnet, als ob es etwas Vorläufiges, etwas Unvollstandiges, etwas Ungenaues wäre; erst beim späteren Bestatigungsaudit ginge es um echte Entscheidungen. In Tabelle 8-1 wurden daher die Ziele, das Umfeld beider Audits gegenubergestellt. Aufgrund dieses Vergleichs ist das Auswahlaudit fur den Auditor eine wesentlich größere Herausforderung, denn es ist schwieriger durchzufuhren und es ist für den ganzen Projektablauf und damit auch für den Projekterfolg wesentlich wichtiger. Hier liegt es am Auditor, noch nicht vorhandenes Vertrauen beim zukünftigen Lieferanten aufzubauen, indem er den Lieferanten von der Notwendigkeit des Auswahlaudits überzeugt und durch technische Fachkompetenz dem Lieferanten zeigt, daß er Industriespionage gar nicht nötig hat. Beim Bestätigungsaudit dagegen ist alles einfacher, denn die Geheimhaltung beim Lieferanten ist weniger notwendig; es wird aufgrund einer breiten Informationsbasis nur mehr überprüft, ob der Lieferant alles richtig umgesetzt hat oder nicht.

Merkmal	Auswahlaudit	Bestätigungsaudit
Zeitpunkt	Definitions- und Angebotsphase	Nullserienphase
Ziele	Entscheidungshilfe fur Lieferantenauswahl	Bestatigung der Lieferantenauswahl / Überprüfung, ob ship-to-stock möglich ist
Beurteilungsbasis	ISO 900x, VDA-Checkliste interne Standard-Checkliste mit technischem Anhang	ISO 900x, VDA-Checkliste Liefervertrag mit Qualitätssicherungsvereinbarung, Zeichnungen, Arbeits- und Prüfanweisungen usw.
Bereitschaft des Lieferanten für das Audit und für offene Information	Gering, weil . . ... noch kein Vertrag vorliegt, ... möglicherweise Industriespionage befürchtet wird	Größer, weil ... ... ein Vertrag vorliegt, ... Industriespionage keinen Sinn mehr hat
Audit-Checkliste vor dem Audit an das zu auditierende Unternehmen einsenden?	**Nein**, weil der augenblickliche Ist-Stand ohne Vorbereitungszeit besser erfaßt werden kann	**Ja**, weil der Auditor über die Audit-Checkliste Verbesserungen im QS-System des zu auditierenden Unternehmens steuern kann.
Korrekturmaßnahmen bei negativem Auditergebnis	Befunde beheben und / oder Konzeptanpassung beim Kunden oder neuer Lieferant	Befunde beheben Wareneingangsprufung statt ship-to-stock Lieferantenwechsel wirft das Projekt weit zurück
Gesamtbewertung	Schmale Beurteilungsbasis Wichtige Schaltfunktion im Projekt	Breite Beurteilungsbasis, Leichter durchzuführen, Lieferantenwechsel aufgrund des Audits sehr erschwert.

Tab. 8-1: Vergleich von Auswahlaudit und Bestatigungsaudit

8.3.2 Planung des Zuverlässigkeitsprogramms für die Definitions- und Angebotsphase

In dieser Phase sind folgende Tätigkeiten für die Beschaffung/Entwicklung von verkaufsfähigen Produkten beim Kunden zu planen und durchzuführen, wofür Anhang 4 als Planungshilfe verwendet werden kann:

- Vorauswahl der Wettbewerber und ihrer Produkte und potentieller Lieferanten
- Angebote einholen und Selbstauskunftsbogen mit technischem Anhang versenden

- Auf der Basis des Lastenhefts ...
  Versuchsplan für Vergleichsuntersuchungen der Produkte
  Ausfallkriterien (vorläufig) erstellen
- Test der Produkte aus der Vorauswahl
- Bewertungsmaßstäbe für die Auswertung von Selbstauskunftsbogen erstellen
- Auf der Basis der Selbstauskunftsbogen und des Lastenhefts ...
  Checklisten fur Auswahlaudits, bzw
  Fragelisten für Firmenbesuche erstellen
- Vergleichsversuche und Auswahlaudits durchführen
- Ergebnisse bewerten für den abschließenden Meilenstein

8.3.3 Planung der Zuverlässigkeitsprogramme für die weiteren Projektphasen

In Anhang 13 sind die Elemente der Zuverlässigkeitsprogramme fur die Entwicklungs-, Nullserien- und Markteinfuhrungsphase zusammengestellt, wobei festgehalten ist, welche Tatigkeiten der Kunde ubernehmen sollte und welche der Lieferant. Diese Zuverlässigkeitsprogramme sind fur den Fall gemäß 8.2 2 c ausgelegt, daß Kunde und Lieferant gemeinsam ein neues Produkt entwickeln Sie sollten nach Möglichkeit reduziert werden, wenn nur ein fertiges Produkt ohne Anderung (Fall 8 2.2 a) übernommen werden soll oder an einem bestehenden Produkt eine Nachentwicklung durchgefuhrt werden soll (Fall 8 2 2 b)

8.3.4 Liefervertrag und Qualitätssicherungsvereinbarung

Die Praxis hat gezeigt, daß es zweckmäßig ist, alle für die Regelung von ship-to-stock-Lieferungen notwendigen Details nicht in einem einzigen Dokument zusammenzufassen, sondern das Ganze modular aufzubauen, indem an den Liefervertrag mehrere Anhänge angekoppelt werden gemäß Bild 8-1·

- Qualitätssicherungsvereinbarung
- Technische Anforderungen an die Produkte (Spezifikation)
- Verpackung
- Logistische Abläufe
- Preise

Die Vorteile für diese Vorgangsweise liegen auf der Hand

- Bei Anderungen muß nur der betreffende Baustein (z B. die Preise) geändert werden, nicht das ganze Vertragswerk
- Die einzelnen Anhange können zwischen den Fachleuten beim Lieferanten und beim Kunden direkt schneller, mit weniger Mißverstandnissen ausgehandelt werden, als wenn sie von einer zentralen Stelle behandelt werden.

- Außerdem verlangt der Gesetzgeber beispielsweise in Deutschland, daß die einzelnen Vertragselemente am richtigen Platz beschrieben werden, ansonsten kann das als überraschende Formulierung gemäß §3 des ABGB angesehen werden und wäre dann kein wirksamer Vertragsbestandteil.

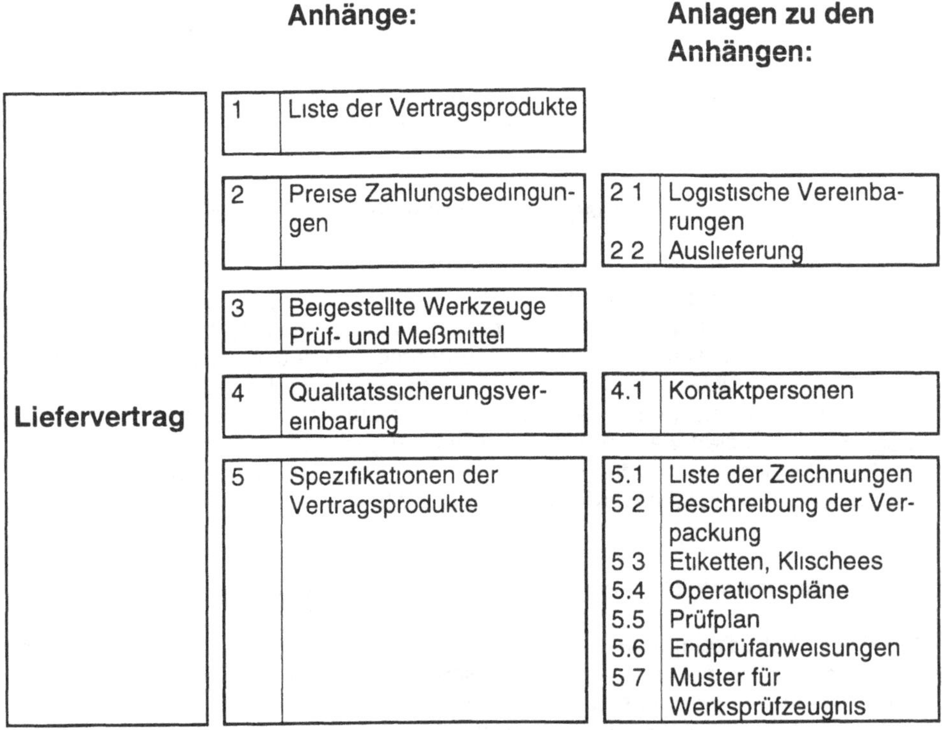

Bild 8-1: Struktur eines modular aufgebauten Liefervertrags

Als Vorbeugung sollte daher eine bestmogliche Inhaltsstruktur aufgebaut und dann darauf geachtet werden, daß alle Inhaltselemente unter der richtigen Überschrift eingeordnet werden. Die Tabellen 8-2 bis 8-4 konnen dafür als Richtschnur herangezogen werden.

In manchen Verträgen kann es notwendig sein, die Situation bezüglich der Schutzrechte Dritter klarzustellen, obwohl dies vom Gesetzgeber geregelt ist: Gemäß BGB, § 434, ist der Hersteller oder der Lieferant dafür verantwortlich, daß er nicht irgendwelche Schutzrechte Dritter verletzt. Ein Abschnitt im Liefervertrag, der dies aussagt, ist uberflussig. Wenn dagegen der Lieferant nach Kundenzeichnungen fertigt, liegt die Verantwortung beim Kunden, daß keine Schutzrechte verletzt werden. Das sollte auch im Liefervertrag festgehalten werden! Ebenso sollte der Lieferant auch die Verantwortung ablehnen, wenn der Kunde ein Produkt ohne Schutzrechte fur eine geschutzte Anwendung verwendet (z. B. ein einfaches elektronisches Bauteil in einer patentierten Schaltung). Selbst für Konzerne ist es schwierig, den Überblick über gültige Schutzrechte in der Elektronik zu haben. Aus diesem Grund wird manchmal der Käufer am Risiko von Patentverletzungen "beteiligt". /8-1/

Vertragselemente im Liefervertrag	**Erläuterung**
Unter das Recht welchen Landes soll der Vertrag gestellt werden?	Nach Abstimmung mit dem Lieferanten definieren.
Gerichtsstand / Schlichtungsstelle	Nach Abstimmung mit dem Lieferanten definieren.
Geheimhaltungsverpflichtung	Informationen und Kenntnisse uber den Vertragspartner sind wie fremdes Eigentum zu behandeln. Weitergabe und Nutzung außerhalb des vereinbarten Rahmens mussen schriftlich genehmigt werden. Der Verlust von Unterlagen ist sofort zu melden
Laufzeit / Kündigung	Beginn und Ende der Gültigkeit, Regelung für Bestellungen, welche bei der Kündigung des Vertrags noch nicht geliefert waren.
Preise	Ablauf zur jahrlichen Neufestsetzung
Eigentums- und Gefahrenubergang	Ist festzulegen
Exklusivitat	Es sind die Produkte zu definieren, welche nur an den Vertragspartner geliefert werden dürfen.

Tab. 8-2 a: Vertragselemente im Liefervertrag

Wenn in einem ship-to-stock-Vertrag die Wareneingangsprüfung durch den Kunden vermieden werden soll, darf das in der Qualitätssicherungsvereinbarung gemacht werden, welche dann den Charakter eines Individualvertrags haben muß und nicht ein Vordruck sein darf. Als Nachweis dafur muß sie sich von QSVs mit anderen Lieferanten inhaltlich unterscheiden. Zusätzlich konnen Verhandlungsprotokolle als weitere Nachweise nützlich sein.

Manchmal wird die Qualitätssicherungsvereinbarung als Teil der Spezifikation behandelt. Dadurch erhalten die Qualitatsprüfungen den Charakter von zugesicherten Eigenschaften. Das bedeutet, daß ship-to-stock-Lieferungen auch dann zuruckgewiesen werden können, wenn die Ware technisch in Ordnung ist, weil die geforderten Qualitätsprüfungen nicht oder nur zum Teil durchgeführt wurden. Im Einzelfall müssen dann Lieferant und Kunde prüfen, ob das auch ihre Absicht ist.

Vertragselemente im Liefervertrag	Erläuterung
Lieferbereitschaft / Lieferfristen	Beschreibung der Vorgange zur Mengenplanung. Ersatzfertigung bei Streiks oder ähnlichem. Ersatzteilfertigung nach Vertragsende.
Eigenschaftszusicherung	Zusicherung, daß die gelieferten Produkte die vereinbarte Spezifikation erfüllen werden und durch fähige Prozesse hergestellt werden.
Gewährleistung	Im Falle von ship-to-stock sollte die Gewährleistungsfrist gegenüber den gesetzlichen Vorgaben in Abstimmung mit dem Lieferanten verlängert werden.
Ersatzlieferung bei Qualitatseinbruchen	Im Einzelfall nach Ursachenanalyse sinnvolle Fristen festlegen. Was nützt ein Pufferlager, wenn dort auch schlechte Ware liegt? Nacharbeit durch den Kunden nur in Abstimmung mit dem Lieferanten oder, wenn der Lieferant angemessene Fristen zur Problemlösung verstreichen läßt.
Haftung / Regreß zwischen Lieferanten und Kunden	Wenn der Kunde nichts an den verkaufsfahigen Produkten verändert, ist es angemessen, daß der Lieferant den Kunden in Produkthaftpflichtfallen schadlos stellt
Versicherungsschutz des Lieferanten	Der Lieferant sollte eine "Erweiterte Produkthaftpflichtversicherung" abschließen, die auch Anspruche aus unerkannten mangelhaften Lieferungen abdeckt./8-3/
Auslösung des Fertigungsbeginns oder des Lieferbeginns	Normalerweise ist eine Bestellung einer Freigabe gleichwertig. Wenn es **nicht** so sein soll, muß es im Liefervertrag festgehalten werden.
Verfolgen von Vorschriften in internationalem Umfang	Diese Forderung ist nur dann angemessen, wenn der Lieferant dies besser kann als der Kunde.
Kontaktpersonen	Sie sollten in einem Anhang definiert werden, damit diese Liste kurzfristig geändert werden kann.

Tab. 8-2 b: Vertragselemente im Liefervertrag

Vertragselemente in der Qualitäts-Sicherungs-Vereinbarung (QSV)	**Erläuterungen**
Geltungsbereich	Ist festzulegen.
Vorgehen bei Anderungen/ Erstmusterprufung	Es muß klar geregelt werden, ob der Lieferant innerhalb der Spezifikationen völlig frei ist, ob jede Änderung vom Kunden genehmigt werden muß oder welche Merkmale / Prozesse nur nach Genehmigung geändert werden dürfen. Der Änderungsablauf muß in diesem Fall geregelt sein. Aber immer Informationspflicht beim Lieferanten! /8-2/
Qualitätssicherungssystem des Lieferanten	Es muß die QS-Norm (z. B. ISO 9001, 9002 oder 9003) definiert sein. Zwischenstufen sind zulässig, z. B. ISO 9003 plus einzelne Elemente aus ISO 9002
Umfang der Qualitätsprufung beim Kunden	Ist gemeinsam festzulegen.
Prüfvorschriften/Qualitätsaufschreibungen	Sie sind exakt zu definieren fur jede Produktgruppe getrennt durch Kundenvorgabe, in Abstimmung mit dem Lieferanten oder gemäß den Normalprüfplänen des Lieferanten.
Aufbewahrungsfristen fur Dokumente und Qualitätsaufschreibungen	Sie sind nach den Vorgaben durch Produkthaftpflichtrisiko und Gewährleistungsfrist, nach Notwendigkeiten der Qualitätssicherung/Entwicklung festzulegen.
Anforderungen an die Ruckverfolgbarkeit	Sind festzulegen.
Maßnahmen bei Nichtkonformität: Ansuchen um Sonderfreigaben Verhalten bei Q-Einbruch	Vorgehen und Kontaktpersonen festlegen
Vorgehen, Anforderungen an die Entsorgung	Gemäß Vorschriften festlegen, unzulässige Verwendung durch Dritte ausschließen
Erlaubnis zu Auditierungen	Der Kreis der möglichen Auditoren ist zu definieren, z. B. Mitarbeiter des Kunden oder neutrale Sachverständige
Einverständnis fur Fremdüberwachung von Produkten mit Zulassung	
ship-to-stock-Kennzeichnung/ Versand im verschlossenen Zustand	Ist zu definieren

Tab. 8-3: Vertragselemente in der Qualitätssicherungsvereinbarung

Eines der wichtigsten Vertragselemente ist eine ausführliche Spezifikation der zu beschaffenden Produkte, die alle wichtigen Anforderungen (Merkmale) mit ihren Toleranzen enthält. Eine Fertigung nach Muster sollte nach Möglichkeit vermieden werden, denn ein Muster für sich allein enthält noch keine Toleranzen. Dagegen ist es öfter zweckmäßig, bei schwer beschreibbaren Merkmalen Grenzmuster für diese definierten Merkmale festzulegen. Diese Grenzmuster sind dann Dokumenten gleichzustellen.

Elemente der Spezifikation	**Erläuterung**
Zusammenhang zwischen Lieferlos und Fertigungslos Produktkennzeichnung Hersteller / Los-Nr. oder Fertigungsdatum o. a.	Das ist zwischen Lieferanten und Kunden abzustimmen und in die Spezifikationen aufzunehmen.
Spezifikation mit Toleranzen	Spezifizierende Dokumente sind exakt festzuhalten, Merkmale, technische Daten mit Meßverfahren und Zuverlässigkeit sind mit Toleranzen festzulegen, Grenzmuster sind durch Listen zu erfassen und zu kennzeichnen
Spezialverfahren	Die Spezialverfahren sind zu definieren und die zugehörigen Prozeßdokumente in der Spezifikation aufzulisten
Einhaltung von Vorschriften, Zulassungsforderungen usw	Die einzuhaltenden Vorschriften und Zulassungsforderungen sind aufzulisten
Eignung für eine spezielle Verwendung	Diese Eignung **muß durch den Kunden entschieden werden**, zugehörige Prüfungen darf der Kunde (auch an den Lieferanten) delegieren. Eine Beratung durch den Lieferanten ist zweckmäßig.
Information über Verwendung und Einsatzbedingungen des zu beschaffenden Produkts	Diese Informationen entbinden den Kunden nicht von der Entscheidungspflicht über die Eignung

Tab. 8-4: Vertragselemente in der Spezifikation

Nach diesen Angaben über den Aufbau und den Inhalt von Qualitätssicherungsvereinbarungen soll nun noch etwas über die Formulierung hinzugefügt werden. In der Vergangenheit wurden für sie Vordrucke verwendet, die dann mit dem Ziel der allgemeinen Gültigkeit merkwürdige bis unverständliche Formulierungen enthielten. Heute mit PCs bedeutet es dagegen keinen wesentlichen Mehraufwand, für jede Produktgruppe eine speziell angepaßte QSV zu erstellen. Aus diesem Grund sollte es keine Hindernisse mehr geben, einfach, klare und eindeutige Qualitätssicherungsvereinbarungen zu formulieren.

Um zu einfachen, verständlichen Texten zu kommen, genügt oft der Trick, den Text so lange laut vorzulesen und zu verändern, bis er von einem Zuhörer verstanden wird. Eindeutige und klare Texte zu schreiben, ist dagegen schon etwas schwieriger. Die nun folgende Tabelle 8-5 unklarer, manchmal sogar gefahrlicher Textbeispiele soll eine Hilfe zur Verbesserung bieten /8-1/:

Schlechte Formulierung	**Bemerkung, Ersatzformulierung oder Vorbedingung,** unter der diese Formulierung verwendet werden kann
alle notwendigen (erforderlichen) Angaben	Angaben gemaß "Anlage 1"
weitere Unterlagen	Unterlagen gemäß "Anlage 2"
sonstige (Qualitats-)Merkmale	Merkmale gemaß "Anlage 3" oder die in Frage kommenden Merkmale auf den Zeichnungen kennzeichnen
alle Anforderungen des Auftraggebers sind zu erfullen .	die Spezifikationen gemaß "Anlage 4" sind zu erfullen . .
verbindlich ist die jeweils aktuelle Fassung ...	Was gilt, die neueste oder die zuletzt vereinbarte Fassung?
erforderliche (maßgebliche) Eigenschaften	die in den Spezifikationen definierten Anforderungen
Der Lieferant soll angemessene (geeignete) Maßnahmen ergreifen ...	Der Lieferant ist fur die Qualität verantwortlich.
usw., etc., dergleichen	Nur dann verwendbar, wenn der Text sich auf eine vorherige Aufzählung bezieht
kostenlos	unentgeltlich
rechtzeitig	Welche Frist ist damit gemeint?
Beauftragte des Kunden	Definition notig: Mitarbeiter des Kunden, oder Sachverstandige im Auftrag des Kunden Auf keinen Fall ein Mitarbeiter eines anderen Lieferanten!
dokumentationspflichtige Teile	Definition erforderlich oder Liste
kritische Teile	Riskante Formulierung, denn sie ist in einem Produkthaftpflichtfall nahezu ein Geständnis!
beziehungsweise	Keinesfalls anwenden! Dieses Wort hat gemäß Duden 8 verschiedene Bedeutungen!

Tab. 8-5: Zu vermeidende Formulierungen in ship-to-stock-Verträgen

8.3.5 Erstellung eines Entwicklungsvertrags

Die Situation bei Start einer externen Entwicklung ist etwas schwieriger als bei einem Liefervertrag, denn bei diesem sind die zu beschaffenden Produkte bekannt, und sie sind auch in der Regel exakt umrissen. Bei einer Neuentwicklung dagegen besteht auf beiden Seiten keine Sicherheit, daß die technischen Entwicklungsziele vollständig erreicht werden, daß der vorgegebene Termin- und Kostenrahmen auch eingehalten wird. Aus diesem Grund muß die Abwicklung des Entwicklungsprojekts so transparent geplant werden mit Phasen und Meilensteinen, daß auf beiden Seiten eine ausreichende Kontrolle der Fortschritte und Aufwände moglich ist. Das ist die notwendige Voraussetzung für eine angemessene Aufteilung der Vertragsrisiken.

Am Anfang steht die Auswahl des Entwicklungsunternehmens, die nach den gleichen Grundsätzen abläuft, wie Auswahl eines Lieferanten im Abschnitt 8.3.1. Neben einer Referenzliste ist ein gut aufgebautes Angebot, das auf die Anforderungen des Kunden eingeht und Konzepte für Zeit- und Risikomanagement präsentiert, eine wichtige Voraussetzung dafur, später auch den Entwicklungsvertrag zu erhalten. Aus diesem Grund soll hier auf den Aufbau eines Angebots fur eine extern durchzufuhrende Entwicklung eingegangen werden:

Ausgehend von den Kundenanforderungen mit der Vorgeschichte, ist das **Entwicklungskonzept** darzulegen, insbesondere zu begrunden, welche Konstruktionsprinzipien aus welchen Grunden ausgewahlt wurden. Darauf ist dann ein **Arbeitsprogramm** aufzubauen, das zweckmäßigerweise in etwa 3 bis 10 Phasen je nach Komplexitat gegliedert wird. Diese Phasengliederung erlaubt vorerst eine transparente Projektplanung bezuglich **Kosten** und **Terminen** und erleichtert später die Projektkontrolle Es empfiehlt sich, in diesem Abschnitt des Angebots auch Chancen zur Reduktion der Projektlaufzeit zu beschreiben und darzulegen, wie auch der Kunde als Auftraggeber zur Verringerung beitragen kann. Eine gute Kommunikation zwischen Entwicklungsfirma und Kunde ist eine wichtige Voraussetzung für den Projekterfolg. Daher sollte ein Angebot auch einen Vorschlag fur den **Aufbau der Projektteams** auf beiden Seiten enthalten. Im Interesse beider Seiten liegt ferner ein Konzept zur **Verringerung des Risikos**, die Projektziele hinsichtlich Qualität, Termin und Kosten zu verfehlen Dazu sind die Bauteile und Baugruppen mit den hochsten Risiken zu identifizieren, damit sie mit Vorrang bearbeitet werden können. In mehreren **Anhängen** kann dann dieses Konzept weiter detailliert werden, indem dargelegt wird, welche Entwicklungsmethoden angewendet werden sollen, wie beispielsweise QFD, FMEA, Berechnung mit finiten Elementen, spezielle Algorithmen zur Auslegung und fur den Entwurf von Schaltungen usw. In Anhang 14 ist die Struktur eines derartigen Angebots dargestellt.

Beim später folgenden Entwicklungsvertrag ist die Situation etwas schwieriger als bei einem Liefervertrag, weil dort die Risiken hoher sind. Bei einem Liefervertrag sind Aufgabe und Lösung klar umrissen, die Risiken können relativ leicht abgeschatzt werden. Bei einem Entwicklungsvertrag sollte das Entwicklungsziel zwar möglichst klar definiert sein, aber dies ist leider nicht immer möglich. Selbst dann, wenn das Entwicklungsziel exakt definiert ist, kommen noch die Realisierungsrisiken hinzu.

Elemente eines Entwicklungsvertrags	Erläuterungen
Anforderungen an das zu entwikkelnde Produkt	Liste der Anforderungsdokumente: Lastenheft, Prufplanung, Liste der erforderlichen Zulassungen
Geheimhaltungsvereinbarung	Verpflichtung, vom Kunden erhaltene Informationen nur fur den Auftrag zu verwenden. Rückgabe aller Unterlagen bei Auflosung oder Beendigung des Vertrags, ohne Kopien vorher anzufertigen.
Schutzrechte / Ergebnisse	Feststellung, daß nach bestem Wissen und Gewissen kein fremdes Schutzrecht den Entwicklungsvertrag behindert. Alle Ergebnisse und Schutzrechte gehoren dem Auftraggeber. Anmeldung zu Lasten des Auftraggebers. Mitbenutzung von Schutzrechten, welche sich aus dem Entwicklungsvertrag entstehen.
Exklusivitat	Verpflichtung des Auftragnehmers, keine Auftrage von anderen Kunden anzunehmen, welche im Bereich des Entwicklungsvertrags liegen, oder diesen konkurrieren könnten.
Liste der Meilensteine und Termine	
Form der Ergebnisse	Monatlicher Standbericht mit definiertem Inhalt. Bei Abschluß das Ergebnis ubergeben mit exakt definierter Dokumentation.
Herstellkosten	Aufgegliedert nach Grenzkosten Fixkosten und Werkzeugkosten. Randbedingungen dazu.
Bezahlung des Auftrags	Betrag / Teilbetrage Zahlungsmodalitäten
Unterauftragnehmer	Definieren, welche Unterauftragnehmer frei ausgewählt werden durfen, welche genehmigt werden müssen, welche ausgeschlossen werden.

Tab. 8-6: Elemente eines Entwicklungsvertrags

Aus diesem Grund ist fur beide ein Vorgehenskonzept in mehreren Schritten notwendig, welches einerseits eine transparente Situation fur die Fortschrittskontrolle schafft, andererseits Meilensteine (Entscheidungspunkte) ermoglicht, an denen in beiderseitiger Abstimmung Korrekturen im Vorgehen festgelegt werden konnen.

Weitere wichtige Elemente eines Entwicklungsvertrags sind in Tabelle 8-6 zusammengestellt, wobei in den Erlauterungen nur mogliche Losungsvarianten dargestellt sind.

8.3.6 Design-Reviews zur Überprüfung des Projektfortschritts

Um den Projektfortschritt zu uberprufen, hat es sich bewahrt, bei rein intern laufenden Projekten in regelmaßigen Abstanden, mindestens zum Abschluß von Projektphasen, Reviews durchzufuhren. Der Hauptzweck dieser Reviews ist weniger die quantitative Kontrolle, daß Terminziele erreicht wurden, sondern vor allem eine qualitativen Uberprufung: Sind die Qualitatsziele erreicht, wurden wesentliche Gesichtspunkte im Entwurf beachtet oder nicht? Bei Beschaffungsprojekten ist diese Notwendigkeit noch vielmehr gegeben, weil die Kommunikation und der Informationsaustausch durch Entfernung und unterschiedliche Unternehmenskultur prinzipiell erschwert ist, und der Kunde als Auftraggeber interessiert sein muß, was mit seinem Geld und mit der Zeit inzwischen gemacht wurde. Da die Reviews Uberprufungsvorgänge sind, konnen sie in den Ruf von "Polizei-Aktionen" kommen. Um dies zu vermeiden, sollte am Anfang jeder Projektphase eine ausreichende Planung vorgesehen werden, an der Auftraggeber und Lieferant zusammenarbeiten Wenn man das tut, ist aber bereits ein erster Schritt in Richtung QFD getan!

In diesen Reviews sind offene Fragen aus dem Projektablauf und zur technischen Realisierung erforderlich. Anhang 5 zeigt projektbezogene Fragelisten und Anhang 6 Auszuge einer technischen Frageliste.

8.3.7 Bewertung der Produktqualität und des Lieferanten

Die Bewertung der Qualitat der angelieferten Produkte ist meist relativ einfach: Man nimmt die Ergebnisse der Wareneingangsprufung und laßt daraus vom Computer eine sogenannte Qualitatsziffer QZ nach gangigen Formeln berechnen. Sobald die Qualitatsziffer die erwartete Streubreite nach der schlechteren Seite verlaßt, kann man sich vom Computer erinnern lassen, daß Korrekturmaßnahmen notwendig sind, wenn nicht schon vorher andere Informationen diese ausgelost haben

Wenn dagegen - wie bei ship-to-stock-Vertragen - keine Ergebnisse aus der Wareneingangsprufung vorliegen, muß man andere Informationen fur die Beurteilung der Produktqualitat heranziehen. Dazu kommen in erster Linie die Ergebnisse von Produktaudits, Haufigkeit von Reklamationen und die Ergebnisse von Systemaudits beim Lieferanten in Frage. Bei diesen Daten hat man aber immer das Problem der kleinen Zahlen mit relativ großen Streubreiten, so daß ihre Interpretation unsicher ist, wie dies auch in Abschnitt 6 dargelegt wurde. Wenn beispielsweise die Häufigkeit von Reklamationen von vier auf zwei pro Jahr zurückgeht, muß das nicht eine Verbesserung der Produktqualität des Lieferanten bedeuten, sondern es liegt durchaus in der statistischen Schwankungsbreite der Daten. Als Problemlösung muß man sich dann unter anderem auf die Ergebnisse von systematisch geplanten Folgeaudits abstützen.

Trotz dieser Schwierigkeiten bei der Bewertung der Produktqualität und der Lieferanten haben manche Unternehmen noch zusätzlich Methoden zur Bewertung der Lieferanten anhand von qualitativen Merkmalen eingeführt. So löblich diese Versuche sind, sieht sich der Verfasser hier verpflichtet darauf hinzuweisen, daß die Ergebnisse wegen der unsicheren Basis nicht uberbewertet werden sollten. Dies ist auch der Grund, warum derartige Methoden hier nicht beschrieben werden, denn eine Beschreibung konnte der Leser als Empfehlung zur Anwendung auffassen

Literatur

8-1 Popp, Die Qualitatssicherungsvereinbarung, Hanser-Verlag,1992

8-2 BGH - VIII ZR 140/88 - Wellpappe - WM 1989, S. 1145

8-3 Kreifels, Qualitatssicherungsvereinbarungen, QZ 37 (1992) 2, 77

9 Beschaffung von Material für Produktion und Montage

9.1 Definition

Unter Material für Produktion und Montage werden in diesem Buch folgende Waren verstanden:

- **Material** und **Halbzeug** zur Herstellung von Bauteilen, und
- **Bauteile**, welche in der Montage mit anderen beschafften Bauteilen oder mit Bauteilen aus der Eigenfertigung zu Baugruppen und fertigen Produkten zusammengefügt werden.
- **Baugruppen**, welche von Lieferanten entwickelt und auch gefertigt werden,
- **Hilfsstoffe**, welche in der Fertigung oder in der Montage benötigt werden

Als Beispiele sollten hier genannt werden:

- Metallpulver für Sinterteile, gewalzter oder gezogener Stahl, Draht für Schweißen oder Löten, Klebstoffe
- Wälzlager, Dichtungen, elektronische Bauteile, Kolbenringe, Kolben
- Stoßdämpfer, komplette Kfz-Bremsen, Kohlehalter für Elektromotoren
- Schutzgas beim Schweißen, Schneidemulsion in der spanenden Fertigung, Flußmittel zum Löten

9.2 Versorgungsindex

Im Sinne einer qualitätsorientierten und wirtschaftlichen Beschaffung kann es notwendig werden, den Lieferanten zu wechseln. Bei Bauteilen mit geringem oder keinem Einfluß auf die Qualität oder Zuverlässigkeit ist in der Regel ein derartiger Wechsel unproblematisch Bei den funktionell wichtigen Bauteilen dagegen kann es notwendig sein, daß der Lieferantenwechsel durch Versuche oder andere spezielle Untersuchungen in der Verantwortung der Entwicklung begleitet wird.

Ähnliche Fragen sind zu lösen bei der Beschaffung von Ersatzteilen: Welche Ersatzteile können weltweit vor Ort beschafft werden? Welche Ersatzteile müssen vom Hersteller eines Produkts weltweit in die Reparaturwerkstätten verteilt werden?

Zur Lösung dieses Problems sollte folgender Idealzustand angestrebt werden

- Exakte Spezifikation des zu beschaffenden Materials,
- exakte Definition von zu beschaffenden Bauteilen mit den physikalisch richtigen Merkmalen.

Diese Maßnahme ermöglicht einen Lieferantenwechsel ohne Zusatzuntersuchungen, und eine lokale Ersatzteilbeschaffung ist zumindest theoretisch überall möglich Dieser Idealzustand kann nur dann verwirklicht werden, wenn der eigene Entwickler zumindest über das gleiche Know-how verfügt wie der Lieferant, oder der lokale Lieferant für Ersatzteile über zumindest ausreichende/gleichwertige Fertigungsfähigkeiten wie der Standardlieferant des Montagewerks. Wenn man den Begriff Lieferantenwechsel auch auf eine Verlagerung von der Eigenfertigung auf den Zukauf und umgekehrt ausdehnt, muß der neue Lieferant der Eigenfertigung gleichwertig sein. Da der tatsächliche Zustand diesem Idealbild nur näherungsweise entspricht, werden in der Praxis folgende zwei Regeln angewandt:

- Jede Änderung der Beschaffungsquelle muß von der Entwicklung genehmigt werden (häufig in Klein- und Mittelbetrieben angewandt) oder
- der Entwickler kennzeichnet beispielsweise in der Stückliste, welche Beschaffungsquelle ohne seine Genehmigung geändert werden darf und welche Änderung von ihm genehmigt werden muß.

Eine Moglichkeit für diese Kennzeichnung ist ein Versorgungsindex in der Stückliste, der folgende drei Varianten vorsehen kann:

L **L**okal als Ersatzteil beschaffbar und im Stammwerk bei jedem beliebigen Lieferanten beschaffbar, auch Eigenfertigung ist möglich.

B Von der **B**eschaffung des Stammwerks bei jedem beliebigen Lieferanten beschaffbar, auch Eigenfertigung ist möglich

E Jede Änderung der Versorgungsquelle muß von der **E**ntwicklung genehmigt werden. Das bedeutet hier auch den Wechsel von der Eigenfertigung in die Beschaffung und umgekehrt.

9.3 Integration des Beschaffungsablaufes in den Entwicklungsablauf

Ahnlich wie spater in der Serienfertigung die zugekauften Artikel mit den Bauteilen und Baugruppen aus der Eigenfertigung in der Montage zum fertigen Produkt zusammengefugt werden, müssen die Beschaffungsvorgänge in den Projektablauf eingefugt werden Es muß vor allem in der Entwicklungsphase sichergestellt werden, daß jene Bauteile in ihren Eigenschaften genau beschrieben und gesichert sind, die später in die Prototypen eingefügt werden sollen, um dann im kompletten Produkt erprobt zu werden

In Tabelle 9-1 sind die wichtigsten Vorgänge und Dokumente so zusammengestellt, wie die Logik der Zusammenhange ihre Abfolge ergeben würde. Aufgrund der vielen leeren Felder in den Vorgangsspalten sieht man, daß eine risikofreie Ablaufplanung das Projekt sehr verlängern würde. Um Zeit und Kosten zu sparen, ist es notwendig, aus den Anforderungen an das vollstandige Produkt (Lastenheft) die Anforderungen an die Baugruppen und die Bauteile abzuleiten, um die Entwicklung auf den Ebenen der Baugruppen und der Bauteile vorantreiben zu können, bevor alle Bauteile und Baugruppen zum vollständigen Prototyp zusammengefügt werden. Diesen Vorgang kann man konventionell mittels Erfahrung machen oder systematisch mit QFD (siehe 3.7). Vor allem wenn man für das zu entwickelnde Produkt über relativ wenig Erfahrungen verfugt, ist in der Definitionsphase die Unterstützung durch QFD besonders wichtig. Die einzelnen Vorgänge in den Projektphasen sind in den Abschnitten 9.3.2 bis 9.3 4 zusammengestellt.

Entwicklung eines verkaufsfähigen Produkts		**Integration eines Bauteils oder einer Baugruppe**	
Entwicklungs-schritte	**Dokumente und Qualitäts-Aufzeichnungen**	**Entwicklungs-schritte**	**Dokumente und Qualitäts-aufzeichnungen**
Definitionsphase des Produkts	Lastenheft, Pflichtenheft des Produkts		Pflichtenhefte der Baugruppen und der Bauteile durch QFD
Entwicklungs-phase	Zeichnungen, Schaltpläne usw	Bauteil- oder Materialdefinition	Zeichnung oder Spezifikation
		QS-Konzept für das Bauteil/Material Bemusterung Musterinspektion	QSV Prüfanw. f. Wareneingangsprüfung Musterinspektions-berichte
		Erprobung der Bauteile oder Baugruppen alleine	Erprobungsbericht über die Bauteile oder Baugruppen
Erprobung der Bauteile im Prototyp	Versuchsberichte		
Meilenstein	**Freigabe zur Nullserie**		**Artikel- und Lieferantenfreigabe**
Nullserienphase	Zeichnungen, Schaltpläne usw reif für die Nullserie		Zeichnung oder Spezifikation reif für die Nullserie
Eigenfertigung der Nullserienteile		Bestellung der Nullserienteile	
Inspektion der Eigenfertigungsteile	Inspektionsberichte	Inspektion der Nullserienteile	Inspektionsberichte
Montage			
Inspektion, Erprobung der Nullserie	Inspektionsberichte Erprobungsberichte		
Meilenstein	**Freigabe zur Serie**		**Freigabe zur Serie**
Serienphase Serienfertigung		Serienfertigung	
Inspektion der Serie	Inspektionsergebnisse	Wareneingangsprüfung (WEP)	Protokolle der WEP Freigaben zum Einlagern
Produktaudits	Produktauditbericht	Lieferantenbewertung	Ergebnis der Lieferantenbewertung

Tab. 9-1: Integration der Einführung eines neuen Bauteils in den Entwicklungsablauf des vollständigen Produkts

9.3.1 Definitionsphase des verkaufsfähigen Produkts

Aktivitäten, Vorgänge	**Details siehe**
Lastenheft erstellen und überprüfen	3.1
Pflichtenheft für das vollständige Produkt erstellen mit QFD	3.7
Pflichtenhefte, Anforderungen für die Baugruppen und Bauteile mittels QFD erstellen	3.7

9.3.2 Entwicklungsphase des verkaufsfähigen Produkts / Entwicklungsphase des Bauteils

Aktivitäten, Vorgänge	**Details siehe**
Ersten Entwurf des verkaufsfahigen Produkts erstellen	
Versorgungsindex festlegen	9.2
Make-or-Buy-Entscheidung	7
Anforderungen an potentielle Lieferanten (Lieferantenprofil) festlegen	8.3.1
Angebote aufgrund der Spezifikationen oder des Artikel-Lastenheftes einholen und den Selbstauskunftsbogen versenden (Standard + technische Zusatzfragen)	8.3.1 Anhang 10 und 11
Vorauswahl von in Frage kommenden Lieferanten aufgrund der Selbstauskunftsbogen (Standard + technischer Anhang) und aufgrund der Angebote	8 3 1
Erstellung der Checklisten fur Auswahlaudits	5.3 / 8.3.1
Lieferantenbeurteilung (durch ein Auswahlaudit) bezuglich - Entwicklungs-Know-how, speziell Versuchstechnik, - Fertigungs-Know-how und Einschätzung des Maschinenparks bezüglich Prozeßfähigkeit, -Qualitätssystem	8.3.1
Lieferantenauswahl	8.3.1
QS-Konzept für Bauteil/Material	
Übergabe der Entwurfe von Liefer- oder Entwicklungsvertrag und Qualitatssicherungsvereinbarung an den Lieferanten	8.3.4 / 8.3 5
Entwicklung der Bauteile, Fertigung der Muster durch den Lieferanten mit Prototyp-Werkzeugen	3.5 / 2.3
Bemusterung und Inspektion der Artikel, Bauteilerprobung	2.3 / 3 5
Einbau der Artikel in die Prototypen	
Erprobung der bemusterten Bauteile im Prototypen	2.3 / 3.5
Durchführung von FMEAs nach Bedarf	3.4
Design-Review des Produkts als Einheit und der zu beschaffenden Artikel	3.6 , Anhang 5, 6
Erstellung des Vertrags und der QS-Vereinbarung	8.3.4
Planung des Zuverlässigkeitsprogramms für die Nullserienphase	8.3.3, Anhang 13
Meilenstein: Freigabe zum Start der Nullserie, Freigabe der Beschaffung für die Nullserie	8.2

9.3.3 Nullserienphase

Aktivitäten, Vorgänge	**Details siehe**
Bestellung der Werkzeuge für die Herstellung der Nullserie und Serie	9.5.2
Bestellung, Herstellung der Artikel-Nullserie	
Sicherstellung und Überprüfung der Prozeßfähigkeit	4.4.2
Bestätigungsaudit	8.3.1
Inspektion der Nullserien-Muster	5.1
Bauteile-Test der Nullserien-Muster	2.3 / 3.5
Einbau der Bauteile in die Nullserie	
Erprobung der Nullserien-Produkte	2.3 / 3.5
Nullserien-Review	8.3.6
Planung des Zuverlässigkeitsprogramms für die Serienphase	8.3.3, Anhang 13
Meilenstein: Freigabe zur Serie Just-in-Time- oder ship-to-stock-Anlieferung möglich?	8.2

9.3.4 Serienphase

Aktivitäten, Vorgänge	**Details siehe**
Bestellung, Herstellung Erstserie	2.3 / 3 5
Inspektion der Erstserie	5.1
Beobachtung der Qualitat des Artikels im Kundeneinsatz	6
Bei Bedarf Bearbeitung von Reklamationen	
Überprüfung der Marktqualität auf Artikelebene	6
Meilenstein: Projektabschluß	
Weiterführende Tätigkeiten:	
Bestellung der Folgeserien	
Überprüfung der Produktqualität bei der Anlieferung	5.2
Regelmäßige Bewertung der Artikelqualität zur Einleitung von Korrekturmaßnahmen	8.3.7
Periodische Folgeaudits gemäß Planung	9.5.4
Lieferantenbeurteilung	8.3.7
Kontinuierliche Verbesserung der Artikelqualität und Vertiefung der Geschäftsbeziehungen	

9.4 Ablauf zur Einführung von Zweitlieferanten

Bei der Einführung von Zweitlieferanten und für den Wechsel von Lieferanten können die Abläufe des Abschnitts 9.3 gekürzt werden, weil meist eine Nullserie entfallen kann und die Entwicklungstätigkeiten reduziert werden können. Der Vollständigkeit halber sei nur darauf hingewiesen, daß die Definitionsphase des Produkts bei der Einführung von Zweitlieferanten schon längst vorbei ist.

9.4.1 Definitions- und Entwicklungsphase des Bauteils

Aktivitäten, Vorgänge	Details siehe
Artikelspezifikation fur den Erstlieferanten ubernehmen	
Make-or-Buy-Entscheidung uberprüfen *)	7
Angebote aufgrund der Spezifikationen oder des Artikel-Lastenheftes einholen und den Selbstauskunftsbogen versenden (Standard + technische Zusatzfragen)	8.3.1 Anhang 10 und 11
Vorauswahl von in Frage kommenden Lieferanten aufgrund der Selbstauskunftsbögen (Standard + technischer Anhang) und aufgrund der Angebote	8 31
Erstellung der Checklisten fur Auswahlaudits	5.3 / 8.3 1
Lieferantenbeurteilung (durch ein Auswahlaudit) bezuglich - Entwicklungs-Know-how, speziell Versuchstechnik, - Fertigungs-Know-how und Einschatzung des Maschinenparks bezuglich Prozeßfahigkeit, - Qualitätssystem	8.3.1
Lieferantenauswahl	8.3.1
Übergabe der Entwürfe von Liefervertrag und Qualitatssicherungsvereinbarung an den Lieferanten	8.3.4
Entwicklung und Fertigung der Muster durch den Zweitlieferanten	2.3 / 3.5
Bemusterung und Inspektion der Artikel, Bauteilerprobung Einbau der Artikel in Serienprodukte	2.3 / 3 5
Erprobung der bemusterten Bauteile in Serienprodukten	2 3 / 3 5
Durchfuhrung von FMEAs nach Bedarf	3.4
Überprufung der Erprobungsergebnisse des Bauteils vom Zweitlieferanten	3.6 , Anhang 5, 6
Erstellung des Liefervertrags und der QS-Vereinbarung	8.3.4
Übernahme des Zuverlässigkeitsprogramms des Erstlieferanten fur die Serienphase des Zweitlieferanten	8.3.3, Anhang 13
Meilenstein: Freigabe zur Serienfertigung. Just-in-Time- oder ship-to-stock-Anlieferung möglich?	8 2

*)Einfuhrung eines Zweitlieferanten kann auch bedeuten, daß der Artikel in die Eigenfertigung ubernommen wird

9.4.2 Serienphase

Aktivitäten, Vorgänge	Details siehe
Bestellung der Serienwerkzeuge	9.5.2
Bestellung und Herstellung der Erstserie	
Sicherstellung und Überprüfung der Prozeßfähigkeit	4.4.2
Inspektion der Erstserie	5.2
Beobachtung der Qualität des Artikels im Kundeneinsatz	6
Bei Bedarf Bearbeitung von Reklamationen	
Überprüfung der Marktqualität auf Artikelebene	8.3.7
Meilenstein: Projektabschluß	
Weiterführende Tätigkeiten:	
Bestellung der Folgeserien	
Überprüfung der Produktqualität bei der Anlieferung	5.2
Regelmäßige Bewertung der Artikelqualität zur Einleitung von Korrekturmaßnahmen	8.3.7
Periodische Folgeaudits gemäß Planung	9.5.4
Beurteilung des Zweitlieferanten	8.3.7
Kontinuierliche Verbesserung der Artikelqualität und Vertiefung der Geschäftsbeziehungen	

9.5 Detail-Beschreibung wesentlicher Schritte zur Beschaffung von Material für Produktion und Montage

9.5.1 Zuverlässigkeitsprogramm

Das Zuverlässigkeitsprogramm ist in den folgenden Tabellen zusammengestellt für den Fall, daß der Hersteller eines Produkts zuerst den Unterlieferanten auswählen muß und dann ihn in den Entwicklungsprozeß aktiv einbindet und dabei auch QFD anwendet. Das bedeutet, daß der Hersteller vor der Lieferantenauswahl das QFD vorläufig alleine machen muß. Nach der Lieferantenauswahl müssen dann die Bauteilanforderungen durch einen zweiten QFD-Prozeß gemeinsam überprüft werden. Wenn der Unterlieferant bereits vor dem QFD feststeht, kann er sofort in das QFD eingebunden werden. Die Numerierung der Matrizen entspricht der Struktur im Abschnitt 3.7.

Definitionsphase / Auswahl der Lieferanten

Lfd Nr.	Aktivitäten	Hersteller	Unterlieferant
1	Aus den Baugruppen-QFD-Matrizen 3-1 bis 3-n die Anforderungen an die Bauteile vorläufig ableiten und in die Matrizen 4-1 bis 4-m eintragen.	A	
2	Technischen Anhang für die Selbstauskunftsbogen auf der Basis der Bauteilanforderungen erstellen.	A	
3	Produkt- und verfahrensspezifische Fragen für das Auswahlaudit aufgrund der Bauteilanforderungen erstellen.	A	
4	Versuchspläne für Bauteiltests und Ausfallkriterien (vorläufig) erstellen.	A	
5	Bewertungsmaßstäbe für die Auswertung von Selbstauskunftsbogen erstellen .	A	
6	**Unterlieferantenauswahl** aufgrund der Ergebnisse in den Selbstauskunftsbogen und in den Auswahlaudits.	A	

Zuverlässigkeitsprogramm der Entwicklungsphase

Lfd Nr.	Aktivitäten	Hersteller	Unterlieferant
1	Bauteilanforderungen mit dem ausgewählten Unterlieferanten überprüfen.	A	A
2	Aufgrund der Anforderungen in den Matrizen 401 bis 499 das Produkt und die Einzelteile konstruieren/spezifizieren.	A	
3	Merkmale der Bauteile und Baugruppen klassifizieren.	A	
4	Aus dem ersten Entwurf das Fertigungs- und Prüfkonzept der Bauteile ableiten.	A	A
5	Bauteilerprobung durchführen.	A	A
6	Entwurfs-Review durchführen Risiken beurteilen, das Ziel nicht zu erreichen.	A, K	A
7	Für die Herstellung der Prototypen den Zeichnungssatz und die gültigen Spezifikationen zusammenstellen, die Prototypen herstellen und ihre Abweichungen gegenüber dem Soll festhalten.	A A	M M
8	Vollständige Prototypen erproben, die Ergebnisse zusammenstellen.	A	
9	Design-Review als Entscheidungsgrundlage für die **Freigabe der Nullserien-Fertigung.**	A	A

Zuverlässigkeitsprogramm der Nullserienphase

Lfd Nr.	Aktivitäten	Hersteller	Unterlieferant
1	Zeichnungen reif für die Nullserie machen und freigeben	A	
2	Operationsplane, Arbeitsanweisungen, Prozeßvorschriften und Prüfvorschriften gemäß den Vorgaben der QFD-Matrizen 5-1 bis 5-m erstellen	A	A
3	Alle Korrekturmaßnahmen aufgrund der Prototypentests durchfuhren und abschließen	A	A
4	Nullserie unter den geplanten Serienbedingungen fertigen, Musterinspektionen, Prozeßfahigkeitsanalysen durchführen	A	A
5	Alle Teile-Zwischen-/Endprufungen, Baugruppen- und Produktendprüfungen gemäß Planung seriengemaß durchführen	A	
6	Zuverlässigkeitstest der Nullserienmuster planen und durchführen	A	
7	Bestätigungsaudit durchführen	A	
8	Zulassungen beantragen		A
9	Nullserien-Review als Entscheidungsgrundlage fur den **Meilenstein "Freigabe der Serienfertigung"**	A	A

Zuverlässigkeitsprogramm in der Serienphase

Lfd Nr.	Aktivitäten	Hersteller	Unterlieferant
1	Zeichnungen serienreif machen und freigeben	A	
2	Korrekturmaßnahmen aus der Nullserie durchfuhren	A	
3	Zuverlässigkeitstest mit Erstserienmustern planen und durchführen	A	
4	Produktaudit durchfuhren	A	A
5	Erstserien-Review durchfuhren	A	A

Bedeutung der Abkürzungen: A = Ausfuhren
M = Mitarbeit

9.5.2 Bestellung der Werkzeuge für Nullserie und Serie

Die Bestellung der Werkzeuge ist in Abschnitt 9.3.1 der Nullserienphase zugeordnet nach der Regel zuerst die Entwicklung abzuschließen, bevor die Nullserie begonnen wird. Dies ist allerdings nur theoretisch richtig, denn in der Praxis werden fast immer diese Werkzeuge wesentlich fruher bestellt, damit nach Moglichkeit bereits Teile fur die Prototypen damit hergestellt werden können und der Zeitaufwand fur die Vorbereitung der Nullserie verkürzt werden kann.

Diese Serienwerkzeuge sind meist fur speziell entwickelte Bauteile, also nicht fur Normteile oder Handelsteile, bestimmt. Sie werden ublicherweise vom bestellenden Kunden bezahlt und nicht vom Unterlieferanten. Sie sind als Eigentum des Kunden in der Kalkulation des Unterlieferanten nur mit ihrer Instandhaltung enthalten und sie bleiben bei einem allfalligen Konkurs des Unterlieferanten im Zugriff des Kunden

9.5.3 Just-in-Time-Liefervertrag

Just-in-Time ist eine der Methoden, den Materialfluß von einem Unterlieferanten zum Weiterverarbeiter zu optimieren. Der Grundgedanke ist, moglichst genau nur jene Menge an Material oder Bauteilen anliefern zu lassen, die in dem nachsten Intervall benotigt wird. Damit soll erreicht werden, die Lagermengen und damit das gebundene Kapital zu reduzieren. Die Werkzeuge der Logistik, sich diesem Ziel anzunahern, sind eine exakte Produktions- und Montageplanung und eine Reduktion der Toleranzen in der Liefermengen und im Liefertermin. Diese Werkzeuge sind jedoch wirkungslos, wenn man nicht einigermaßen sicher ist oder nicht sicher sein kann, daß die punktlich angelieferte Ware auch ihre Anforderungen erfullt und auf dem Transportweg keine Storungen auftreten. Wenn diese Anforderungen nicht erfüllt sind, muß als Korrekturmaßnahme vom Lager beim Unterlieferanten oder von einem Speditionslager in der Nahe des verarbeitenden Kunden geliefert werden.

Daraus ergeben sich funf Grundvoraussetzungen fur Just-in-Time.

Gesicherte Qualitat
Haufige Fertigung der bezogenen Artikel bis Fließfertigung
Realistische Planungsprozeß und umsetzbarer Bestell-Liefervorgang
"Storungsfreier Lieferweg"
Langfristige Zusammenarbeit

Wenn diese Grundvoraussetzungen nicht gegeben sind, bleibt ein Just-in-Time-Geschaft fur beide Seiten ein riskantes Unternehmen. In der folgenden Tabelle 9-2 sollen einige Maßnahmen aufgezahlt werden, mit denen diese Grundvoraussetzungen geschaffen werden konnen. Einige dieser Maßnahmen konnen aus wirtschaftlichen Grunden keine Dauerlosung sein, andere erfordern Investitionen, die nur langfristigen Geschaftsbeziehungen vorbehalten sein konnen.

Grundvoraussetzungen für Just-in-Time	Erforderliche Maßnahmen zur Erfüllung dieser Grundvoraussetzungen	Vorübergehend mögliche Ersatzmaßnahmen
Gesicherte Qualität	Robuste Konstruktion Gesicherte robuste Herstellprozesse	Strenge Endprüfung Lieferung vom Lager des Unterlieferanten
Fließfertigung	Auswahl der richtigen Artikel für JiT	
Realistischer Planungs- und Bestellprozeß	Mengenprognose mit großem Vertrauensbereich für mittelfristige Prognosen, enger Vertrauensbereich für kurzfristige Prognosen, ausreichende Lieferfrist, um noch reagieren zu können	Pufferlager beim Unterlieferanten oder / und beim Abnehmer
Störungsfreie Anlieferung	Lieferanten in der Nähe des Abnehmers auswählen, Zweigwerk in der Nähe des Abnehmers	Pufferlager (bei einer Spedition) in der Nähe des Abnehmers
Langfristige Geschäftsbeziehungen	Zusicherung, Vertrauen Vertrag	

Tab. 9-2: Grundvoraussetzungen für Just-in-Time

Diese Voraussetzungen für ein sinnvolles und erfolgreiches Just-in-Time sind natürlich nicht immer vom Unterlieferanten gegenüber seinem Abnehmer durchzusetzen. Wenn aber der Abnehmer glaubt, trotzdem ein Just-in-Time durchsetzen zu können, so muß er trotzdem sich der Tatsache bewußt sein, daß auch dieses Geschäft seinen Preis hat: Wenn er seinen Unterlieferanten überfordert, wird er mittelfristig einen neuen Unterlieferanten brauchen.

Nach dieser Beschreibung der Randbedingungen und Probleme für Just-in-Time soll nun die Inhaltsstruktur eines Just-in-Time-Vertrages aufgezeigt werden:

- Geltungsbereich
  Produkte, Produktgruppen
- Länge der Gewährleistungsfrist, da JiT häufig mit ship-to-stock kombiniert werden muß (siehe Abschnitt 8.3.4)
- Planungsablauf mit Prognosetoleranzen in Abhängigkeit von der Prognosefrist
- Haftung in Problemfällen
- Eigentum der Werkzeuge oder Maschinen, welche für den Abnehmer eingesetzt werden
- Regelungen für Zahlungsunfähigkeit des Abnehmers
- Eigentumsvorbehalt

9.5.4 Folgeaudits

Wenn die Zusammenarbeit zwischen dem Hersteller und seinem Unterlieferanten mit einem Projekt und darin eingebettet mit einem Bestätigungsaudit erfolgreich eingeleitet wurde, ist es dann in der Serienphase notwendig, sich zu vergewissern, daß der positive Zustand beim Unterlieferanten auch weiterhin erhalten bleibt. Als Nachweis dieses Zustands kann ein Zertifikat über ein bestehendes Qualitätssicherungssystem nach ISO 900x gelten. Wenn dagegen ein solches Zertifikat nicht vorliegt, muß der Kunde einschätzen, ob die vom Unterlieferanten bezogenen Bauteile eine Überprüfung des Qualitätssystem erforderlich machen oder nicht und in welchen Zeitabständen.

Diese Einschätzung könnte das Risikopotential der bezogenen Artikel der Güte und der Häufigkeit einer Überwachung durch Dritte gegenüberstellen, aus beiden Einflußfaktoren ist dann das Intervall der eigenen Audits abzuleiten. Das Risikopotential kann beispielsweise durch folgende Kriterien beschrieben werden:

- Schwierigkeitsgrad des Artikels
  - Kritische Merkmale am Artikel
  - Bauteile haben hohen Einfluß auf die Zuverlässigkeit
  - Die beschafften Bauteile haben nur Nebenfunktionen zu erfüllen
- Herstellprozeß
  - Spezialprozeß
  - Standardprozeß mit hohen Anforderungen
  - Standardprozeß mit niedrigen Anforderungen
- Versorgungssicherheit
  - Weltweit nur einige wenige Hersteller
  - Leicht beschaffbarer Handelsteil
  - Normteil
- Anforderungen an die Termintoleranz
  - taggenau / wochengenau / monatsgenau

Als Kriterien für den zweiten Einflußfaktor können herangezogen werden:

- QS-Zertifikat auf dem Niveau ISO 9001 oder 9002, das alle drei Jahre in Audits neu überprüft wird
- Fremdüberwachung durch Zulassungsstellen, halbjährlich
- Kein Zertifikat, keine Fremdüberwachung

Beide Einflußfaktoren können nun zu einer Matrix zusammengefaßt werden, in welcher Richtwerte für den Auditabstand angegeben werden. Wenn man mit einem solchen oder ähnlichen Bewertungssystem für alle Lieferanten den Auditabstand bestimmt hat, ist es notwendig, diese Daten zu einer Auditmehrjahresplanung zu verdichten und dann der Arbeitskapazität der Auditoren gegenüberzustellen, damit man das Konzept der Folgeaudits auch umsetzen kann.

10 Beschaffung von Investitionsgütern

Bei der Beschaffung von verkaufsfähigen Produkten und von Material für die Produktion geht es um wiederholte Lieferung von großen Mengen. Dabei ist gefordert, daß die Folgelieferungen in mindestens der gleichen Qualität (Zuverlässigkeit) geliefert werden, wie bemustert oder wie in der ersten Lieferung. Bei Investitionsgütern wird von einem Kunden meist nur eine Maschine oder eine Anlage bestellt. Lediglich bei Werkzeugmaschinen und anderen Produktionsmaschinen werden auch mehrere Maschinen gleichzeitig geordert. Weitere Bestellungen folgen bei Zufriedenheit in der Regel frühestens nach einem Jahr, oder nach mehreren Jahren folgt bereits eine verbesserte oder eine größere Anlage. Daher sind diese Anlagen vielfach Einzelanfertigungen. Das bedeutet, daß bei den Investitionsgütern dagegen die Anforderungen des einzigen Kunden mit möglichst wenig Entwicklungsaufwand erfüllt werden müssen. Mehrere Entwicklungsschritte bis zum Erreichen der Serienreife sind absolut ausgeschlossen, denn - in Begriffen des Kapitels 8 gesprochen - im Anlagenbau wird der Prototyp verkauft!

Dies hat hier zu einer anderen Konstruktionsphilosophie geführt als bei Produkten, welche in großen Serien gefertigt werden. Die Anlagen werden individuell aus Komponenten zusammengestellt, welche in Baureihen entwickelt wurden und in kleinen bis mittelgroßen Serien gefertigt werden. Dieses Vorgehen reduziert die Entwicklungs- und Herstellungskosten und erleichtert die Bewirtschaftung von Verschleißteilen

Bei den Investitionsgütern gibt es jedoch noch einen weiteren Unterschied gegenüber den Großserienprodukten: Die Anforderungen des einzelnen Kunden sind dem Konstrukteur bekannt Er muß sich ihnen stellen, er kann aber auch im direkten Kontakt durch Rückfragen seinen Informationsstand verbessern. Diese Unterschiede haben bewirkt, daß bei der Beschaffung und Entwicklung von Anlagen etwas andere Abläufe angewandt werden, und dem hat die Qualitäts- und Zuverlässigkeitssicherung zu folgen

10.1 Projektmanagement in der Definitions- und Angebotsphase

10.1.1 Risikoeinschätzung und Festlegung der Programmklasse

Das Ziel dieser Abläufe muß sein, die Anforderungen des Kunden bereits in der Angebotsphase möglichst genau zu erkennen, damit man ihm ein Angebot erstellen kann, das seine Anforderungen optimal erfüllt. Das heißt, daß technische Funktion, Zuverlässigkeit, Instandhaltbarkeit im Umfeld des Kunden zu einem günstigen Preis angeboten werden können Aus der Kenntnis der Anforderungen kann das Risiko für den Lieferanten der Anlage und seinen Kunden abgeschätzt werden, damit in der Konstruktion der Anlage an der richtigen Stelle und im Projekt zum richtigen Zeitpunkt die Schwerpunkte gesetzt werden.

Dieses Prinzip der Risikoeinschätzung hat auch in Richtlinien /10-1/ und /10-2/ Eingang gefunden Aus der Risikoeinschätzung werden dann drei Zuverlässigkeitsprogrammklassen mit ihren Musterabläufen abgeleitet Diese Musterabläufe beschreiben die Tätigkeiten und Dokumente an der Schnittstelle zwischen Kunde und Lieferant. Die Nachweise während der Entwicklung und Fertigung sind damit modellhaft vorgegeben. In der Praxis kann man von diesen drei Klassen abweichen und individuell eine Nachweisstufe beispielsweise zwischen den Programmklassen A und B von /10-1/ festlegen. Die Tätigkeiten beim Lieferanten während der Entwicklung und der Fertigung können umfangreicher sein als von den Nachweisen vorgegeben, wenn beim Lieferanten irgendwelche technische Unsicherheiten vorliegen, oder sie konnen geringer sein, wenn der Lieferant aufgrund seines Baukastensystems Nachweise aus anderen Projekten heranziehen kann.

Fur eine umfassende **Risikoeinschätzung** sind mindestens folgende Teilrisiken gemäß /10-2/ zu bewerten:

Definitionsrisiken,
  d. h. Risiko, daß Elemente des Lastenhefts falsch oder ungenau festgelegt wurden
Entwicklungsrisiken
Fertigungsrisiken
Finanzielle Risiken
  (große Stückzahl, sehr große Anlage)
Externe Risiken
  politische Situation in der Region des Kunden, Handelsbeschränkungen, besondere Transportrisiken
Nutzungsrisiken
  durch potentielle Personengefahrdung,
  durch Folgeschäden an der Anlage,
  Nutzungsausfall

Beispiele fur Einstufungen in Programmklassen:

A Stahlwerk
  Sinterofen für ein Zementwerk
  Fertigungsstraße für Elektromotoren
B Filteranlage mit überdurchschnittlichen Anforderungen fur "exotische" Stäube
C CNC-Maschine
  Filteranlage fur durchschnittliche Anforderungen

Aufgrund der Risikoeinschätzung ist dann das kundenseitige (externe) und das interne Zuverlässigkeitsprogramm gemeinsam vom Kunden und Lieferanten festzulegen. Tabelle 10-1 zeigt die Zuverlassigkeitsprogramme, die der Klasse A, B oder C nach /10-1/ entsprechen.

10.1.2 Zuverlässigkeitsprogramm in Abhängigkeit von der Programmklasse

Aktivität	durchzuführen von...		Programm-klasse			Abschnitt
Definitionsphase	K	L	A	B	C	
Einstufung in die Programmklasse	A	A	x	x	x	10.1
Erstellung des Lastenhefts	A		x	x	x	3.1, 10.2.1
Pflichtenheft mittels QFD erstellen		A	x			3.1.5, 3.7
Angebot		A	x	x	x	8.3.5, 10.2.2
Lieferantenauswahl	A		x	x	x	8.3.1
Erstellung der Vertragsdokumente	A		x	x	x	8.3.4
Richtlinien zur Projektabwicklung, Projektplan in Phasen	G	V	x	x	x	10.2.3
Auftragserteilung	A		x	x	x	10.1
Konstruktionsphase						
Überwachung der Vertragsdokumente	A		x	x	x	
Überwachung der Projektabwicklung	A	A	x			10.2.3
Konstruktion der Anlage aus bewährten und neu entwickelten Komponenten		A	x			10.2.4
FMEA oder Fehlerbaumanalyse für die Fertigung und den Einsatz beim Kunden		A	x			3.4
Zuverlässigkeitsprogramm		A	x			10.1
Zuverlässigkeitszuweisungen		A	x			2.6.4
Maßnahmen bei Unterlieferanten		A	x			9
Konzeptreview / Fertigungsfreigabe	A	M	x			10.2.3
Herstellungsphase						
Entwurf der Arbeits-, Prüfanweisungen für die Komponenten		A	x			5.1
Qualifikation vom Material und Bauteilen		A	x	x		5.1, 5 2
Zusammenbau der Komponenten		A	x	x		4.5
Überwachung des Fertigungs- und Ausführungszustands	M	A	x	x	x	5 1
Qualitätsaufzeichnungen, Rückverfolgbarkeit		A	x	x	x	5.1
Zuverlässigkeitstest von Baugruppen		A	x			2.7, 2.8
Montage der Anlage		A	x	x	x	10.2.6
Qualifikationstest		A	x	x		2.7
Entwurfs-Design-Review	A	M	x	x		3.6
Zeichnungen, Spezifikationen, Schaltpläne überarbeiten, Verbesserungen an der Anlage		A	x			
Aufstellung der Anlage	M	A	x	x	x	10 2 6
Abnahme der Anlage	A	M	x	x	x	2 3

Tab. 10-1: Zuverlässigkeitsprogramme für eine Investition gemäß Programmklasse A, B oder C
Abkürzungen L = Lieferant, K = Kunde
A = Ausführung G = Genehmigung
V = Vorschlag M = Mitarbeit

10.1.3 Lastenheft für Investitionsgüter

Im Lastenheft ist der Zweck einer Investition zu beschreiben. Im einzelnen bedeutet dies festzulegen,

Funktion und Leistung
zugeführte Energieform oder zugeführtes Material
Ergebnis (Output) an Energie oder verändertem Material
Zuverlässigkeitsanforderung
Verwendungsprofil (Dauerbetrieb oder Intervallbetrieb)
Randbedingungen, Umfeld, Umweltbedingungen
Instandhaltbarkeit (= Wartungsfreundlichkeit), Instandsetzbarkeit (= Reparaturfreundlichkeit)
Frist garantierter Ersatzteilversorgung
bereitzustellende Dokumentation
Schulung der Bediener und Inbetriebnahme

Die Zuverlässigkeitsanforderungen können in diesem Fall beschreiben, wie lange das Investitionsgut ohne Reparatur oder Wartung durchhalten muß. Solche Forderungen können Investitionsgüter aufgrund ihres robusten Aufbaus in der Regel ohne Schwierigkeiten erfüllen. Schwieriger zu erfüllen und wesentlich wichtiger ist dagegen ein störungsfreier Betrieb und daß die von der Anlage produzierten Teile einwandfrei sind. Zum Beispiel, daß ein Bestückungsautomat die Bauteile auf die Platine an die richtige Stelle (= innerhalb der definierten Lagetoleranz) setzt und daß sie dabei nicht beschädigt werden. Als weiteres Beispiel kann hier ein Wickelautomat genannt werden, der eine festzulegende Anzahl von Spulen störungsfrei wickeln soll.

Zur Erstellung eines solchen Lastenheftes beginnt meist mit einem Lastenheftentwurf, der dem zukünftigen Lieferanten mit einer Anfrage zugesandt wird. Dieser erste Entwurf ist dann zwischen Lieferanten und Kunden zu detaillieren, richtigzustellen und zu vertiefen, bis er auf beiden Seiten als richtig anerkannt wird und unterschriftsreif ist.

10.1.4 Angebot

Im Rahmen der Bearbeitung einer Anfrage mit einem Lastenheftentwurf hat der potentielle Lieferant zu überprüfen, ob und mit welchem Aufwand die Anforderungen des Kunden erfüllt werden können (**Abklärung der Machbarkeit**). Gemäß den Ergebnissen der Machbarkeitsabklärung ist die Anlage für das Angebot in ausreichender Tiefe zu konzipieren, um ein inhaltlich abgesichertes Angebot abgeben zu können. Insbesondere ist dabei zu überprüfen oder zumindest abzuschätzen, ob mit den ausgewählten Komponenten die Zuverlässigkeitsanforderungen des Kunden erfüllt werden können. Gleichzeitig mit dieser Abklärung der Machbarkeit sollte der Inhalt des Lastenheftes gemeinsam mit dem Kunden geprüft und bereinigt werden (siehe Abschnitt 10.2).
Das Angebot sollte dann folgende Inhaltsstruktur aufweisen:

- Bezugnahme auf das Lastenheft mit Projektgrenzen
- Lösungskonzept mit zu erwartenden (oder garantierten technischen Daten)
- Vorschlag für Zusammenarbeitsregeln, darunter auch ein Dokumentations plan, siehe 10.2.1

- Konzept für den Projektablauf mit Meilensteinen, Zuverlässigkeitsprogramm siehe 10.2.2
- Beschreibung der geplanten Konstruktions- und Auslegungsverfahren
- Schulung von Mitarbeitern beim Kunden
- Versand, Risikoübergang
- Termine, Preise und Zahlungsmodalitäten
- Gewährleistungsfrist, Garantiefrist

10.2 Projektmanagement

10.2.1 Management der Zusammenarbeit

Die Regeln und die Informationswege für die Zusammenarbeit sollten am Anfang des Projektes festgelegt werden, damit dann beim Projektablauf Mißverständnisse vermieden werden können. Im einzelnen sind folgende Punkte festzulegen:

Informationspflicht des Kunden

Der Kunde hat dem Lieferanten alle Informationen zu geben, die für den Ablauf notwendig oder nützlich sein könnten und über die der Lieferant nicht verfügen kann. Das sind vor allem Informationen über die Verwendung, Einsatzprofil, Verhältnisse am Einsatzort usw.

Informationspflicht des Lieferanten

Der Lieferant hat für den Kunden periodisch oder / und zu definierten Zeitpunkten im Projekt gemäß vorheriger Vereinbarung Standberichte zu erstellen.

Dokumentationsplan

Es ist festzulegen, welche Papiere als Dokumente einem Änderungsdienst unterworfen werden müssen, wer welches Dokument freigibt, an welchem Ort nach Projektabschluß die Dokumente wie lange aufbewahrt werden müssen. Als Dokumente sollten eingestuft werden.

Vertragsdokumente
Vertrag, Qualitätssicherungsvereinbarung, Lastenheft

Produktdokumente
Zeichnungen, elektrische, hydraulische oder pneumatische Schaltpläne, usw.

Fertigungsunterlagen
Fertigungs-, Prüfanweisungen, Lager-, Verpackungs- und Transportvorschriften usw.

Beschaffungsunterlagen
Bestelltexte, Verträge mit Unterlieferanten, Unterauftragnehmern usw.
Kundendokumente (Betriebs-, Wartungs-, Reparaturanleitung)

Freigabe von Aktivitäten

Es ist festzulegen, welche Aktivitäten durch den Lieferanten allein gestartet werden dürfen, für welche eine Freigabe durch den Kunden erforderlich ist. Außerdem sind Meldepunkte während bestimmter Tätigkeiten (meist in der Fertigungsphase) zu definieren, bei denen der Kunde zu informieren ist, und . .

Haltepunkte,
bei denen eine Tätigkeit zu unterbrechen ist und erst wieder fortgesetzt werden darf, wenn der Kunde das Ergebnis inspiziert hat und die Arbeit freigibt.

Durchgriffsrechte des Kunden zu Unterlieferanten oder Unterauftragnehmern
Sie sind einzugrenzen auf wirklich notwendige Fälle.

Regelung für Beistellteile des Kunden
Es muß festgelegt werden, wer die Eignung der Beistellteile fur die Anlage überpruft und zur Verwendung in der Anlage freigibt (in der Regel der Lieferant der Anlage) Der Kunde hat alle dafur notwendigen Informationen zur Verfügung zu stellen. Bei Nichteignung verlangt der Lieferant beim Kunden, daß die Beistellteile verbessert werden oder er macht Verbesserungsvorschläge dazu.

Verwendung fremder Zuverlässigkeitsdaten
Wenn beim Lieferanten wenig Zuverlässigkeitsdaten vorliegen sollten, kann es notwendig sein, auf fremde Daten zurückzugreifen. Diese Vorgehensweise ist vom Kunden zu genehmigen

10.2.2 Projektplanung

Nachdem im Angebot vom Lieferanten ein erster Entwurf fur den Projektablauf und die Projektorganisation erarbeitet worden war, der dann in den Verhandlungen vor der Auftragserteilung verbessert und schließlich dann bestätigt wurde, ist dieses Konzept nun in die Praxis umzusetzen. Dazu sind festzulegen

Projektablaufplan mit Meilensteinen und Review-Terminen
Verfahren für Freigaben und Vorfreigaben im Projekt
Mitarbeit des Kunden
Meldepunkte und Haltepunkte für die Fertigungsphase.
Termin- und Kostenplan
Zuverlassigkeitsprogramm

Die Gliederung des Projekts in Phasen macht das Vorgehen transparent, eine Fortschrittskontrolle und eine Kostenuberwachung wird sehr erleichtert Review-Termine mit Meilensteinen gekoppelt sichern ab, daß während des Projektes die erreichte Zuverlässigkeit und Qualitat überprüft werden und der Übergang in die nächste Projektphase überwacht erfolgen kann, um Risiken zu begrenzen.

Im Idealfall sollte der Übergang von der Konstruktionsphase in die Fertigungsphase erst erfolgen, wenn die Konstruktion auch wirklich abgeschlossen ist, und keine Realisierungsrisiken mehr bestehen. Ein solches Vorgehen ist aber in der Regel nicht im Sinne des Kunden, denn die Projektdauer würde dadurch beträchtlich verlängert. Als Ausweg sollte die Fertigung einzelner Komponenten vorzeitig durch Vorfreigaben gestartet werden, bevor die Konstruktion aller Komponenten der Anlage abgeschlossen ist. Die Auswahl der Komponenten für Vorfreigaben erfolgt dann durch eine Bewertung nach Zeitgewinn und Kostenrisiko:

Vorfreigaben werden vorzugsweise erteilt für Komponenten, welche ein geringes Kostenrisiko aufweisen, einen Zeitgewinn bringen und auf dem kritischen Weg des Projektes liegen.

Des weiteren sind in der Fertigungsphase Melde- und Haltepunkte festzulegen: Dem Kunden ist mitzuteilen, wann ein Meldepunkt erreicht wurde, damit er dann das vorliegende Ergebnis überprüfen kann. Die Fertigung oder der Projektablauf wird dadurch nicht unterbrochen, es darf beispielsweise weitergefertigt werden. Bei Haltepunkten dagegen ist die Fertigung oder das Projekt zu stoppen, damit der Kunde die geplanten Überprüfungen vornehmen kann. Erst danach darf das Projekt fortgesetzt werden.

10.2.3 Maßnahmen in der Konstruktionsphase

Nach Erhalt des Auftrags ist aufgrund des Konstruktionskonzeptes festzulegen, auf welche bewährten Komponenten zurückgegriffen werden kann und welche neu zu entwickeln oder neu zu beschaffen sind. Dabei sind die in dem Kapitel 3 behandelten Schritte anzuwenden, soweit es im Einzelfall notwendig oder zweckmäßig ist:

- QFD bei der Erstellung des internen Pflichtenhefts für die ganze Anlage
- QFD bei der Erstellung der internen Pflichtenhefte für die wichtigen Komponenten der Anlage
- Zuverlässigkeitszuweisung an die einzelnen Komponenten gemäß 2.6.4
- Mittels FMEA oder Fehlerbaumanalyse eine Untersuchung von Fehlermöglichkeiten durch Bedienung bei Inbetriebnahme oder beim Abschalten der Anlage bzw. in der Fertigung
- Erprobung und Qualifikation der neuen Komponenten gemäß 3.5, durch Simulationsrechnung oder andere gleichwertige Verfahren
- Konzept-Review und Entwurfs-Design-Review sind mit dem Kunden gemeinsam durchzuführen, wenn es vorher so vereinbart wurde. Interne Reviews sollten nach Zweckmäßigkeit zusätzlich durchgeführt werden.
- Unteraufträge, Unterlieferanten
  Der Lieferant hat ein Konzept zu erstellen, welche qualitätssichernden Maßnahmen bei Unterlieferanten und bei Unterauftragnehmern notwendig sind, und dieses Konzept dem Kunden zur Genehmigung vorlegen.

10.2.4 Maßnahmen in der Fertigungsphase einschließlich der Aufstellung und Abnahme

Damit die im Zuverlässigkeitsprogramm festgelegten Maßnahmen durchgeführt werden können und auch erfolgreich sind, müssen beim Lieferanten und bei den Unterlieferanten die erforderlichen Voraussetzungen erfüllt sein. Die maschinelle Ausrüstung, die Prüf- und Meßtechnik müssen den Erfordernissen der zu fertigenden Anlage entsprechen, die zugehörigen Arbeitsvorschriften und die Prüf- und Auswertevorschriften müssen vorhanden sein und auch angewandt werden. Die Mitarbeiter müssen für ihre Aufgaben ausreichend qualifiziert und motiviert sein. Wenn man diese Voraussetzungen zusammen betrachtet, ergeben sich daraus die Anforderungen eines umfassenden Qualitätssystems.

Aufgrund der kleinen Stückzahlen ist es im Anlagenbau eine besondere Herausforderung an die Kreativität der Abteilung für Qualitätssicherung, die Maßnahmen den kleinen Stückzahlen angepaßt mit wenig Aufwand und den hohen Anforderungen an die Zuverlässigkeit angepaßt genug umfassend zu planen und umzusetzen. Das gilt schon für die Gestaltung der Arbeits- und Prüfanweisungen, jedoch noch mehr für die Erfassung der Daten und ihre Aufzeichnung. Denn die Daten müssen auch die Anforderungen der Rückverfolgbarkeit von der Anlagennummer über die Prüfergebnisse und Prozeßdaten von wichtigen Einzelteilen bis zu den verwendeten Materialien gewährleisten, soweit es notwendig und wirtschaftlich vertretbar ist.

Als Problemlösung hat sich dafür vielfach eine sogenannte Lebenslaufakte der zu fertigenden Anlage bewährt, in der ab einer zu definierenden Zusammenbaustufe die Herkunft aller Anlagekomponenten ersichtlich ist und die Prüfergebnisse beim Zusammenbau, beim Probebetrieb und bei der Abnahme zusammengestellt sind. Die Lebenslaufakte bezieht sich wiederum auf die Daten der Serien einzelner Bauteile, die ihrerseits in der sogenannten Bauakte zusammengefaßt sind. Die Lebenslaufakte ist dann nach der Übergabe der Anlage an den Kunden von ihm weiterzuführen. In der Bau- und in der Lebenslaufakte sind alle Störungen, Abweichungen vom Soll festzuhalten und die Behebungsmaßnahmen zu dokumentieren.

Was bei der Dokumentation über die kleinen Stückzahlen und über die Einzelfertigung gesagt wurde, gilt für Zuverlässigkeitstests noch viel mehr: Es ist aus Kostengründen die Kreativität der Konstrukteure und der Entwickler gefordert, nicht nur die technisch optimale Lösung für die Funktion und Zuverlässigkeit der Anlage zu finden, sondern auch noch mit geringstem Aufwand die gewünschten oder erforderlichen Zuverlässigkeitsnachweise zu erbringen. Das ist dann vielfach nur mit einer geschickten Kombination von Berechnung, Beanspruchungsmessungen und einigen wenigen Zuverlässigkeitsversuchen von Komponenten möglich.

Literatur

10-1 VDI-Richtlinie 4003, Blatt 2

10-2 Wirtschaftliche Realisierung der Zuverlässigkeit und Instandhaltbarkeit in Produkten und Anlagen, SAQ-SVI-Leitfaden 224

11 Vertragsprüfung

Nachdem in den Kapiteln acht bis zehn der Beschaffungsprozeß aus der Sicht des Kunden behandelt wurde, soll in diesem Abschnitt auch der Lieferant oder der Hersteller in den Mittelpunkt der Betrachtung gerückt werden. Der Begriff "Vertragsprüfung" ist aus der Normenreihe ISO 900x über Qualitätsmanagement entnommen Er wird hier nicht nur auf die Vertragsprufung im engeren Sinne angewandt, sondern auf folgende Vorgänge sinngemaß ausgedehnt:

Prüfung von Anfragen und Erstellung von Angeboten
Prufung von Liefer- oder Entwicklungsverträgen
Prüfung von Prospekten, technischen Daten

Die Prufung von Anfragen und das Erstellen von Angeboten sind die Vorstufe zu Bestellungen oder Verträgen und müssen daher mit der gleichen Sorgfalt wie Vertrage gepruft werden Das selbe gilt fur Prospekte, Datenblatter usw. In Prospekten dargestellte Einsatzfalle oder Anwendungen stellen, wie angegebene technische Daten, "zugesicherte Eigenschaften" dar, welche eingehalten werden mussen. Im Fehlerfall hat der Kunde dann Anspruch auf Ersatzlieferung, Wandlung oder Minderung.

11.1 Überprüfung von Anfragen und Erstellung von Angeboten

Der Ablauf dieses Vorgangs ist ab dem Eingang einer Anfrage in Bild 11-1 dargestellt:

Registrierung der Anfrage, Vergabe einer Anfrage- und Angebotsnummer	Verkauf
Prufung der Anfrage auf .. Vollstandigkeit aus der Sicht des Herstellers Beseitigung von Unklarheiten Klarung von Widersprüchen	Verkauf mit Entwicklung, Fertigung
Überprüfung der Machbarkeit bezüglich Anforderungen Termin Preis	Verkauf mit Entwicklung, Fertigung
Entscheidung, ob angeboten werden soll	Verkauf
Angebot erstellen Angebot versenden	Verkauf

Bild 11-1: Ablauf zur Erstellung eines Angebots

Die Überprufung der Machbarkeit ist hier der wichtigste und zugleich auch manchmal der schwierigste Schritt, wenn die Anforderungen des Kunden nicht mit einem fertigen Produkt erfüllt werden können und abgeschätzt werden muß, ob, wie, bis wann und zu welchem Preis es moglich sein kann. Aus diesem Grund soll im nächsten Abschnitt auf die Machbarkeitsabklärung naher eingegangen werden.

11.2 Überprüfung der technischen Machbarkeit

Das Ziel dieser Überprüfung ist festzustellen, ob und wie die Anforderungen des Kunden erfüllt werden können. Als mogliche Alternativen sind zu prüfen:

a) Ein Produkt aus dem Lieferprogramm ohne Anderung,
b) ein Produkt aus dem Lieferprogramm ohne technische Änderung aber mit einer Designänderung zur Differenzierung,
c) ein Produkt aus dem Lieferprogramm mit technischer Änderung (Nachentwicklung) um weitergehende Anforderungen des Kunden zu erfüllen
d) eine Neuentwicklung.

Im einzelnen bedeutet das fur Funktions- und Leistungsmerkmale folgende Uberprufungsschritte:

- Hat der Kunde fur alle Anforderungen ausreichend genau definiert, wie die Anforderungen zu überprüfen oder zu messen sind?
- Sind die Anforderungen fur die geplante Anwendung zweckmaßig definiert und praxisgerecht meßbar?
- Erfullt die betrachtete Alternative (a bis d) die Anforderungen des Kunden unter Berücksichtigung der Prufkriterien in den Abschnitten 2.3 1 bis 2 3.3?

Danach ist noch zu überprufen, ob die betrachteten Alternativen die Zuverlassigkeitsanforderungen des Kunden erfullen oder nicht. Dazu sind folgende Uberprufungsschritte erforderlich:

- Ist das Einsatzprofil des Produkts ausreichend und praxisgerecht beschrieben?
- Ist die vom Kunden verwendete Zuverlässigkeitskenngröße (siehe Abschnitt 2.6) richtig und zweifelsfrei verstanden worden?
- Sind die Beanspruchungen des Kunden-Einsatzprofils höher oder niedriger als im internen Test?
- Kann die Prüfschärfe-Relation zwischen Einsatzprofil des Kunden und den internen Tests mit ausreichender Genauigkeit abgeschätzt werden?
- Kann mittels der Prüfschärfe-Relation die Kundenanforderung in die internen Testergebnisse übertragen werden?
- Kann eine der betrachteten Alternativen (a bis d) die Zuverlassigkeitsforderungen des Kunden erfullen?

Entsprechend den Ergebnissen dieser Überprüfungen kann eine der Varianten a bis d für das Angebot ausgewählt werden.

Zusätzlich muß hier darauf hingewiesen werden, daß es für Nachfolge-Entwicklungen in der Zukunft notwendig ist zu überprufen, ob alle Kundenanforderungen in dem internen Lastenheft enthalten waren. Diese Überprufungen sollen anhand eines Beispiels erläutert werden :

Bei einem Elektrowerkzeughersteller liegt eine Anfrage von einem Handelshaus vor, in dem das Einsatzprofil durch zwei Anwendungen A und B und ihre Haufigkeit (40 und 60 %) beschrieben sind. Die Zeitspanne zur Ausführung der Anwendungen A und B ist definiert. Die Zuverlässigkeitsforderung ist mit 200 Stunden Einschaltdauer und mit einer Uberlebenswahrscheinlichkeit von 94 % festgelegt.

Das Ergebnis der Uberprufungen kann in diesem Beispiel durch folgende Zeilen zusammengefaßt werden:

1. Die Anwendungen sind exakt, praxisgerecht und leicht überprufbar beschrieben
2. Leistungs- und Funktionsanforderungen sind meßbar.
3. Die Leistungs- und Funktionsanforderungen können mit einem Produkt aus dem laufenden Programm erfullt werden.
4. Die Zuverlassigkeitsforderung ist mit 200 h / 94 % Überlebenswahrscheinlichkeit ausreichend genau (aber nicht vollstandig, da die Ausfallsteilheit fehlt) beschrieben.
5. Die Beanspruchung in der Anwendung A ist hoher als in den internen Tests.
6. Aus den Strom-Zeit-Kurven der Anwendung A und der internen Tests wird eine Prüfscharfe-Relation von 1,5 abgeschatzt. Die Beanspruchungen wahrend der Anwendung B entsprechen den Beanspruchungen in den Prufstanden. Daraus folgt eine Gesamt-Prufscharfe-Relation:

   $\text{Gesamt} = 0{,}4.1{,}5 + 0{,}6.1 = 1{,}2$

   Die Kundenzuverlässigkeitsforderung ist von 200 auf 240 h Einschaltdauer im internen Test hochzurechnen.
7. Das Annahmekriterium in den internen Tests lautet:
   4 Prototypen müssen 50 h ED ohne Ausfall uberstehen.

Im Bild 11-2 sind die Kundenforderung und das Annahmekriterium des internen Prototypentests gegenubergestellt. Aufgrund dieser einfachen Rechnung folgt bei einer Ausfallsteilheit b = 2, daß der Kunde eine mittlere Lebensdauer von 700 h gefordert hat, wahrend das in Frage kommende Produkt eine mittlere Lebensdauer von mindestens 100 h erreicht. Es ist aber nicht gesichert, daß die Kundenforderung erfullt werden kann. Als Konsequenz dieser Überprufung muß die Ist-Zuverlassigkeit durch ein Produktaudit der laufenden Serie bestimmt werden. Erst danach kann abgeschatzt werden, ob ein Serienprodukt ohne Änderung (Variante a) oder eine Nachentwicklung (Variante c) die Kundenanforderungen bezuglich Zuverlassigkeit erfullen kann.

Plan des Produktaudits:

Stichprobenumfang:	6 Muster
Leistungs- und Funktionstest	
Zuverlassigkeitstest unter Standardbedingungen	
Versuchsdauer :	unbestimmt, bis Ausfall von 3 Mustern, aber maxinal 300 h ED

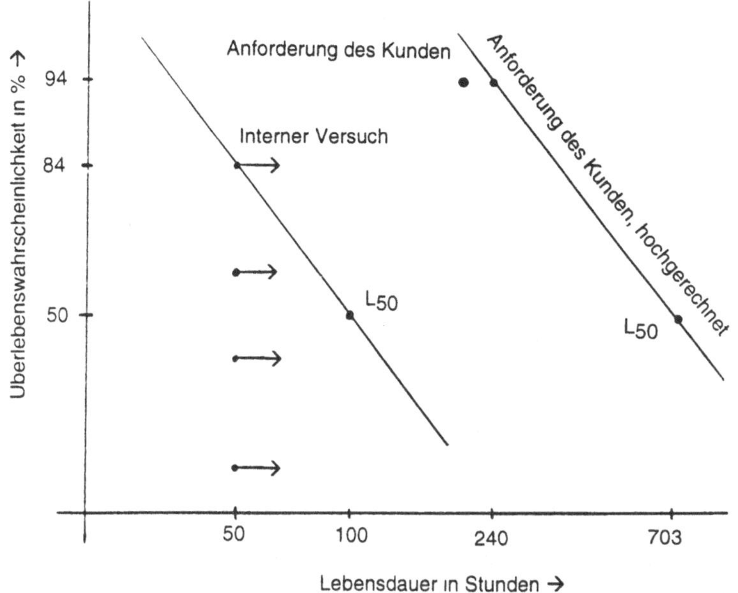

Bild 11-2: Vergleich des internen Tests mit der Forderung des Kunden

12 Der Mensch als Schlüsselfigur im Qualitätsmanagement

Die Industrie der "entwickelten Nationen" Europas und der USA wird heute von zwei Seiten in die Zange genommen: Fernost und die sich nach dem Westen orientierenden Staaten am Ostrand Mitteleuropas. Diese Volkswirtschaften setzen dabei den Preis und zum Teil den Nachbau oder das Nachempfinden bewährter Produkte und Verfahren ein. Aufgrund dieser Situation soll hier auf die strategischen Erfolgspositionen von Unternehmen und ihre Nachahmung eingegangen werden.

Strategische Erfolgspositionen von Unternehmen	Nachahmungszeit für den Wettbewerb
Hardware (Produkte)	kurz
Software	↓
Serviceware	↓
Humanware (Mitarbeiter)	lang

Tab. 12-1: Strategische Erfolgspositionen von Unternehmen und ihre Nachahmung

Die Tabelle 12-1 zeigt, daß die Mitarbeiter mit ihrer Qualifikation und ihrem Verhalten die langfristig tragende Saule eines Unternehmens sind.

Die vorangegangenen Abschnitte dieses Buches beschreiben die Maßnahmen und Methoden, mit welchen die Sicherung von der gewünschten Qualitat ermoglicht oder erleichtert werden soll. Diese Abschnitte haben einen technokratischen Charakter, da sie nur in Ausnahmefällen auf den Menschen Bezug nehmen, der die einzelnen Maßnahmen einleiten, umsetzen und auch kontrollieren soll. Da es jedoch besonders im Qualitatsmanagement auf den Menschen, und zwar auf sein

Wissen und Können,
Verhalten in Konfliktsituationen,
Bereitschaft, Verantwortung zu übernehmen,
Motivation

ankommt, soll nun in diesem Kapitel auf ihn eingegangen werden.

Es ist sicher notwendig, diese Fahigkeiten der Mitarbeiter zu entwickeln und zu fordern. Daher ist dies eine der wichtigsten Aufgaben der Geschäftsleitung, wie dies nicht nur in Normen /12-1/ sondern auch in Gerichtsurteilen zu Produkthaftpflichtfällen zum Ausdruck kommt. Dazu sind folgende Maßnahmen durch die Geschäftsleitung **systematisch** einzuleiten und die Durchführung zu überwachen:

Auswahl geeigneter Mitarbeiter
Ausbildung und Weiterbildung
Schaffung eines geeigneten Unternehmensklimas durch zielgerichtete Anweisungen und
Vorbildwirkung von der Geschäftsleitung über alle Fuhrungsebenen hinunter bis zum letzten Mitarbeiter

Systematisch bedeutet hier, daß

- zumindest für die wichtigen Kaderstellen Stellenbeschreibungen mit den zugehörigen Anforderungen an den Stelleninhaber als Basis für die Personalauswahl ausgearbeitet werden,
- für die Aus- und Weiterbildung eine (Mehrjahres-) Planung zu erstellen ist.

Hier ist die Mehrjahresplanung keine bürokratische Schikane, sondern der sanfte Zwang für den Vorgesetzten, für seine Mitarbeiter einen Soll-Ist-Vergleich zu machen und zielgerichtet Schwerpunkte in der Ausbildungsplanung zu setzen, denn ohne Schwerpunkte erreicht die Aus- und Weiterbildung nicht die für das Unternehmen wichtigen Ziele und sie führt leicht zur Verschwendung der Mittel. Für diesen Soll-Ist-Vergleich genügt folgende einfache Tabelle 12-2:

Stelle	Mitarbeiter	Anforderungen		
		Elektroingenieur	Statistische Tolerierung	Betriebswirtschaftliche Grundlagen
Entwickler	Hr. Meier 1	●	O-II-94 Kurs XYZ	
Werksleiter	Hr. Meier 2	●		●
Entwicklungsleiter	Hr. Meier 3	●		O-IV-94 Fernkurs ABC
Einkäufer	Hr. Müller 1	●(Techniker)		●

Tabelle 12-2: Planung der Aus- und Weiterbildung nach einem Soll-Ist-Vergleich (Prinzipdarstellung)

Bedeutung der Zeichen

•	Ausbildungselement gefordert und erfüllt
O	Ausbildungselement gefordert und nicht oder nur teilweise erfüllt (Mit Datum und Kursbezeichnung)
Leeres Feld	Nicht gefordert

Diese Planung einmal erstellt, bedarf natürlich einer regelmäßigen (z. B. jährlichen) Überarbeitung. Doch diese ist aufgrund einer solchen Systematik leicht und schnell zu machen. Weiters ist es wichtig, daß für den Mitarbeiter nach der durchgeführten Aus- oder Weiterbildungsmaßnahme auch eine geeignete Aufgabe gestellt wird, an der er das neu Gelernte auch anwenden und üben kann. Ohne diese Übungsmöglichkeit verpufft die Wirkung der Weiterbildung sehr schnell. Doch dies sollte eigentlich keine Schwierigkeit sein, wenn aufgrund der systematischen Planung der tatsächlich vorhandene Bedarf erfaßt wurde und nun auch gedeckt wird.

Doch alle diese Maßnahmen bei der Personalauswahl und bei der Aus- und Weiterbildung verpuffen vollständig, wenn die Geschäftsleitung nicht für das geeignete Umfeld und Betriebsklima sorgt, in welchem eine kundengerechte Optimierung zwischen Zielerreichung, Termin und Kosten angestrebt wird. Dazu gehört es, den Mitarbeitern bewußt zu machen, daß der Kunde der Arbeitgeber ist und er uber den Erfolg des Unternehmens entscheidet,

die für die Erfullung der Aufgaben die erforderlichen Mittel und die erforderliche Zeit zur Verfugung zu stellen, sowohl für die Routinetatigkeiten als auch in den Projekten,

den Mitarbeitern, die Freiheit zu geben, im angemessenen Umfang uber die anzuwendenden Mittel und Methoden selbst zu entscheiden,

sich von der plangemaßen Durchführung (nach Umfang und Tiefe) zu uberzeugen und damit

den eingesetzten Teams die Sicherheit zu geben, auf dem richtigen Weg zu sein.

Insbesondere die letzte Maßnahme ist wichtig, denn dadurch werden die Unternehmensbereiche und die Mitarbeiter angeregt, einander widersprechende Forderungen durch neue Losungswege zu erfullen. Wenn diese kreative Freiheit nicht ermoglicht wird oder durch Scheinargumente behindert oder ohne Begründung verhindert wird, bleibt den Bereichen nur der Weg des geringsten Widerstands, indem sie in Abteilungs- oder Bereichsegoismus lokale Optimierungen zu Lasten des Unternehmens anstreben, oder erforderliche Optimierungen auf halbem Weg abgebrochen werden. Diese Vorgange bleiben naturlich den Mitarbeitern nicht verborgen und regen sie dann zur Nachahmung an. Damit wird dann ein Kreislauf in Gang gebracht, der zumindest mittelfristig die Konkurrenzfahigkeit des Unternehmens gefahrdet. In der Tabelle 12-3 sollen einige Beispiele das hier Gesagte erläutern:

Fehlleistungen auf der Ebene von	
Unternehmens- oder Bereichsleitung	Mitarbeitern
Die Projektplanung wird nach der Abgabe von Endterminen gestartet.	Der Unternehmensleitung wird ein Design-Review als eine FMEA verkauft
Freigaben, bevor die erforderlichen Freigabegrundlagen vorhanden sind	Ergebnisse werden wesentlich spater dokumentiert, als sie benotigt werden
Projektstart mit fehlerhaften Zielvorgaben und nachfolgenden Anderungen der Vorgaben	Wegen Kostenüberschreitungen werden anfallende Kosten auf andere Projekte verbucht.
Mangelnde Abstimmung und Information	Probleme werden von den Mitarbeitern vor den Vorgesetzten versteckt
Unvollständige Sicherheitsinformationen an den Kunden oder Anwender, in der Meinung, eine ausführliche Information würde den Verkauf mindern	Einleitung unwirksamer Korrekturmaßnahmen, um die Vorgesetzten zufriedenzustellen
Meinung, vorschriftenkonforme Produkte waren auch automatisch sicher	Keine Zeit für eine FMEA, aber genug Zeit fur Projektschleifen
Vor Kundenbesuchen oder Audits nur die Mangel wegraumen, anstatt sie zu beseitigen oder zu losen	
Prozeßfahigkeitsanalysen als burokratischen Aufwand ablehnen	
Inhaltlich falsche Werbeaussagen	

Tab. 12-3: Einige Beispiele fur menschliche Fehlleistungen

Manche dieser Fehler haben ihre Ursache in Mängeln, die in der täglichen Arbeit vorkommen können. So lange sie sich nicht zu häufig ereignen und als Ausnahme betrachtet werden, kann dies noch akzeptiert werden. Es besteht aber die Gefahr, daß diese Fehler dann zur Gewohnheit werden. Daher ist es eine der wichtigsten Aufgaben der Bereichsleitungen, solche Fehlentwicklungen zu erkennen und entsprechend gegenzusteuern. Wenn hingegen die Geschaftsleitungen oder Bereichsleitungen bewußt oder unbewußt auch Fehlleistungen erbringen, heizen sie den negativen Prozeß bei den Mitarbeitern nur noch an. In diesem Fall hilft nur mehr eine konsequent durchgeführte Neuausrichtung im Unternehmen und das kann nur eine Aufgabe der Geschaftsleitung sein. Als Leitlinie zu diesem Ziel kann die Umsetzung der 14 Punkte von Deming /12-2/ oder die Formulierung und Umsetzung von internen Qualitatsgrundsätzen sein. Im Anhang 15 sind als Beispiel die Qualitätsleitsätze der Bosch GmbH /12-3/ abgedruckt.

Literatur

12-1 Normen uber Qualitatsmanagementsysteme ISO 9000 bis 9004

12-2 Deming, Out of the Crisis, MIT, Cambridge, Mass./USA, 1986

12-3 Bosch-Zunder (Unternehmenszeitschrift) 2/1990, Seite 3

Anhang 1: Medianwert und Vertrauensbereiche von Ausfallwahrscheinlichkeiten

Stichprobengröße n	Ranggröße i	Vertrauensgrenze 5%	Vertrauensgrenze 10 %	Vertrauensgrenze 20 %	**Medianwert 50 %**	Vertrauensgrenze 80 %	Vertrauensgrenze 90 %	Vertrauensgrenze 95 %
3	1	1,7	3,5	7,2	**20,6**	41,5	53,6	63,2
	2	13,5	19,6	28,7	**50,0**	71,3	80,4	86,5
	3	36,8	46,4	58,5	**79,4**	92,8	96,5	98,3
5	1	1,0	2,1	4,3	**12,9**	27,5	36,9	45,1
	2	7,6	11,2	16,9	**31,4**	49,0	58,4	65,7
	3	18,9	24,7	32,7	**50,0**	67,3	75,3	81,1
	4	34,3	41,6	51,0	**68,6**	83,1	88,8	92,3
	5	54,9	63,1	72,5	**87,1**	95,6	97,9	99,0
7	1	0,7	1,5	3,1	**9,4**	20,5	28,0	34,9
	2	5,3	7,9	12,0	**22,8**	37,1	45,3	52,7
	3	12,9	17,0	22,8	**36,4**	51,7	59,6	65,9
	4	22,5	27,9	35,0	**50,0**	65,0	72,1	77,5
	5	34,1	40,4	48,3	**63,6**	77,2	83,0	87,1
	6	47,9	54,7	67,9	**77,2**	88,0	92,1	94,7
	7	65,2	72,0	79,5	**90,6**	96,9	98,5	99,3
10	1	0,5	1,0	2,2	**6,7**	14,9	20,6	25,9
	2	3,7	5,5	8,3	**16,2**	27,1	33,7	39,4
	3	8,7	11,6	15,8	**25,9**	38,1	45,0	50,7
	4	15,0	18,8	23,9	**35,5**	48,4	55,2	60,7
	5	22,2	26,7	32,7	**45,2**	58,1	64,6	69,6
	6	30,3	35,4	41,9	**54,8**	67,3	73,3	77,8
	7	39,3	44,8	51,6	**64,5**	76,1	81,2	85,0
	8	49,3	55,0	61,9	**74,1**	84,2	88,4	91,3
	9	60,6	66,3	72,8	**83,8**	91,7	94,5	96,3
	10	74,1	79,4	85,1	**93,3**	97,8	99,0	99,5
15	1	0,3	0,7	1,5	**4,5**	10,2	14,2	18,1
	2	2,4	3,6	5,5	**10,9**	18,7	23,6	27,9
	3	5,7	7,6	10,4	**17,4**	26,4	31,7	36,3
	4	9,7	12,2	15,7	**23,9**	33,7	39,3	44,0
	5	14,2	17,2	21,3	**30,5**	40,8	46,4	51,1
	6	19,1	22,6	27,2	**37,0**	47,6	53,2	57,7
	7	24,4	28,2	33,2	**43,5**	54,2	59,6	64,0
	8	30,0	34,2	39,4	**50,0**	60,6	65,8	70,0
	9	36,0	40,4	45,8	**56,5**	66,8	71,8	75,6
	10	42,3	46,8	52,4	**63,0**	72,8	77,4	80,9
	11	48,9	53,6	59,2	**69,5**	78,7	82,8	85,8
	12	56,0	60,7	66,3	**76,1**	84,3	87,8	90,3
	13	63,7	68,3	73,6	**82,6**	89,6	92,4	94,3
	14	72,1	76,4	81,3	**89,1**	94,5	96,4	97,6
	15	81,9	85,8	89,8	**95,5**	98,5	99,3	99,7

Weitere Tabellenwerte in /2-3/.

Näherungsformel zur Berechnung der wahrscheinlichsten Überlebenswahrscheinlichkeit (d. h. des Medianwerts) :

$$F(i) = \frac{i - 0,3}{n + 0,4}$$

Anhang 2 : Beispiel einer FMEA samt den Vorarbeiten (auszugsweise)

Überlastkupplung einer Holzsäge

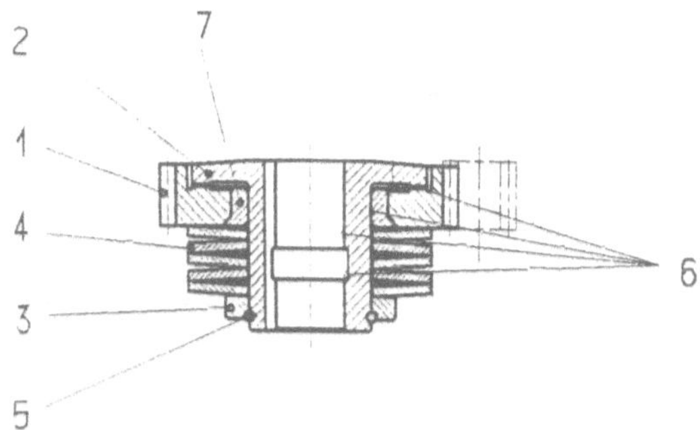

Bild zu Anhang 2-1: Schnittzeichnung der Uberlastkupplung

1. Schritt
Haupt- und Nebenfunktionen der Baugruppe auflisten

Hauptfunktionen : Anwenderschutz
Drehmomentbegrenzung
Wieder-Einkuppeln

Nebenfunktionen : Drehmomentubertragung
Leistungsübertragung
Getriebeschutz
Werkzeugschutz

2. Schritt
Systemabgrenzung

Systemgrenze	**Physikalische Größen** **Chemische Faktoren**	**Schnittstelle**
Eingang	Drehmoment Drehzahl n	Zahnrad
Ausgang	Drehmoment Drehzahl n = 0 oder $n \neq 0$ Wärme Vibration / Lärm	Welle mit Bund, Paßfeder Axiale Sicherung
Randbedingungen	Schmierung Betriebtemperatur Betriebslage	 Umgebungstemperatur
Störungen	Olverschmutzung Olalterung	

3. Schritt

Teilfunktionen für jedes Bauteil in das Formblatt eintragen

Konstruktions-FMEA	**Funktionsanalyse** Stoffsammlung	**Produkt** **Holzsäge**	**Datum 9.7.92** **Ersteller XYZ** **Blatt**
Benennung der Sache	Überlastkupplung	Artikel-Nr. / Index	xxxxx / x
Nächsthöhere Baustufe	Getriebe	Hauptfunktionen	Drehmomentbegrenzung Wieder-Einkuppeln Anwenderschutz
Bemerkungen			
Lfd. Nr. / Artikel-Nr.	**Teilfunktion**	**Lfd. Nr. / Artikel-Nr.**	**Teilfunktion**
1	Drehmoment ubertragen	1	Drehzahlreduktion
	Axiale Beweglichkeit		Warmeabfuhr
	Rastfunktion		Rutschen der Tellerfeder
2	Drehmoment ubertragen	2	Zentrieren der Teller-feder
	Rastfunktion		Abstützen der dynam. Federkraft
	Führung auf der Welle		Zentrieren des Ringes 5
			Aufnahme der Lager-buchse
3	Abstützen der dynam. Federkraft	3	Zuhalten des Spreng-rings
4	Erzeugen / Weiterleiten der Federkraft	4	Gleiten untereinander
5	Aufnahme der Federkraft	5	Zusammenhalten
6	Reibung herabsetzen	6	Verschleiß herabsetzen
7	Reibung herabsetzen	7	Verschleiß herabsetzen
	Fuhren		Fett halten

4. Schritt

Bewertung der Funktionselemente -----> Priorität

Überlastkupplung xxxxx / x für Holzsäge	**Bewertung der Bauteile**									
Konstruktions-FMEA Anforderungen	**1**	**2**	**3**	**4**	**5**	**6**	**7**	**8**	**9**	**10**
Austauschbarkeit	0	0	0	0	0	0	0			
Benutzerfreundlichkeit										
Fehlerfreiheit	1	1	1	1	1	0	1			
Funktionstüchtigkeit	2	2	1	1	1	1	1			
Anzahl Ausfälle bei der Endprüfung	2	2	1	1	1	0	1			
Sicherheitsforderung										
Umweltverträglichkeit	0	0	0	0	0	1	0			
Verständlichkeit										
Vollstandigkeit										
Wartbarkeit										
Zuverlässigkeit	2	2	1	1	0	1	2			
Montagefreundlichkeit	1	1	1	1	1	1	1			
Reparaturfreundlichkeit	1	1	1	1	1	1	1			
Zulassungsforderung	0	0	0	0	0	0	0			
Punktesumme	**9**	**9**	**6**	**6**	**5**	**5**	**7**			
Rangfolge der Bearbeitung	**1**	**2**	**5**	**4**	**7**	**6**	**3**			

Bewertung : **0** niedere Anforderung
1 mittlere Anforderung
2 hohe Anforderung

5. Schritt
Konstruktions-FMEA durchführen

Ergebnis siehe Bild 3-4.

Firma (Stempel, Warenzeichen)	FEHLER-MÖGLICHKEITS- UND EINFLUSS-ANALYSE Konstruktions-FMEA ☐ Prozeß-FMEA ☐			Teil-Name	Teil-Nummer	
				Modell/System/Fertigung	Techn. Änderungsstand	
	Bestätigung durch betroffene Abteilungen und/oder Lieferant	Name/Abt./Lieferant	Name/Abt./Lieferant	Erstellt durch (Name/Abt.)	Datum	Überarbeitet Datum

Systeme/Merkmale	Potentielle Fehler	Potentielle Folgen des Fehlers	D	Potentielle Fehlerursachen	DERZEITIGER ZUSTAND: Vorgesehene Prüfmaßnahmen	Auftreten	Bedeutung	Entdeckung	Risiko-Prioritäts-zahl (RPZ)	Empfohlene Abstellmaßnahmen	Verantwort-lichkeit	VERBESSERTER ZUSTAND: Getroffene Maßnahmen	Auftreten	Bedeutung	Entdeckung	Risiko-Prioritäts-zahl (RPZ)

Wahrscheinlichkeit des Auftretens (Fehler kann vorkommen)

unwahrscheinlich	= 1
sehr gering	= 2 - 3
gering	= 4 - 6
mäßig	= 7 - 8
hoch	= 9 - 10

Bedeutung (Auswirkungen auf den Kunden)

kaum wahrnehmbare Auswirkungen	= 1
unbedeutender Fehler, geringe Belästigung des Kunden	= 2 - 3
mäßig schwerer Fehler	= 4 - 6
schwerer Fehler, Verärgerung des Kunden	= 7 - 8
äußerst schwerwiegender Fehler	= 9 - 10

Wahrscheinlichkeit der Entdeckung (vor Auslieferung an Kunden)

hoch	= 1
mäßig	= 2 - 5
gering	= 6 - 8
sehr gering	= 9
unwahrscheinlich	= 10

Priorität (RPZ)

hoch	= 1000
mittel	= 125
keine	= 1

Tabelle Anhang 2-1: FMEA-Formblatt

Anhang 3: Checkliste für ein Lastenheft-Review

(Projektspezifische Fragen. Produktspezifische Fragen sind zu ergänzen)

1. Handelt es sich um eine Nachfolgeentwicklung oder um ein völlig neues Produkt in unserem Marktsegment?

2. Auf welche Erfahrungen kann zuruckgegriffen werden?

3. Welche sind die relevanten Konkurrenzprodukte, wurden diese untersucht ? Welche Ergebnisse liegen vor?

4. Ubertreffen die Lastenheft-Forderungen den IST-Stand des Wettbewerbs? Wo wird der Wettbewerb etwa stehen, wenn wir unser Produkt einfuhren?

5 Sind im Lastenheft-Entwurf folgende Ziele **vollständig** und **eindeutig** definiert:

   Kundengruppe / Folgekunden
   Kundenbedurfnis
   Leistung
   Einsatzprofil
   Haupt- und Grenzanwendungen
   Ubrige zum System gehorige Komponenten
   Schnittstellen innerhalb des Systems
   Spezielle ergonomische Forderungen
   Unerwunschte Eigenschaften
   Umwelt-Recycling-Forderungen
   Zuverlassigkeit / Vorgaben fur Reparaturkonzept, wie
      - Reparatur-Ort
      - Reparatur-Kosten
      - Reparatur-Werkzeug
   Herstellkosten / Einfuhrungstermine

6. Welche Anforderungen an das Produkt mussen als "technische Daten" eingehalten und sichergestellt werden? Z. B. als Prospektangaben.

7 Sind Sicherheitsprobleme zu erwarten?

8. In welchen Landern muß / soll die Zulassung erreicht werden? Sind Zulassungsprobleme zu erwarten?

9. Welche Fremdpatente müssen berücksichtigt werden?

10. Sind im Lastenheftentwurf gultige Vorschriften und Normen aufgelistet oder berucksichtigt?

11. Sind die Lebenslaufkosten abgeschatzt in bezug auf Verkaufspreis, Reparaturkosten, Wartungskosten, Verfugbarkeit?

12. Sind die Zuverlassigkeits-Kenngroßen geeignet für eine kundengerechte Beschreibung der Anforderungen?

13. Ist festgelegt, wie lange nach Auslauf des Produkts Ersatzteile verfugbar sein mussen?

14. Sind Quervergleiche mit verabschiedeten Lastenheften gemacht?

15. An welchen Stellen, in welchen Baugruppen, usw. sind Probleme zu erwarten?

16. Durch welche Lastenheft-Änderungen können diese Probleme reduziert oder vermieden werden?

17. Ist die Gesamtheit der Forderungen realistisch und ausgewogen?

16. Sind Herstellungs- oder Beschaffungsprobleme zu erwarten?

17. Sind neue Herstellverfahren zu entwickeln oder einzuführen?

Hier sind nun produktspezifische Fragen zu ergänzen!

Anhang 4: Qualitätsplanung am Projektanfang
(nach Vorliegen des Entwicklungskonzeptes)

Ausgangsbasis:

Projektziele mit Entwurf des Lastenhefts	Marketing
Vorschlag fur Projekteinstufung	Marketing
Entwicklungskonzept mit Losungsvarianten	Entwicklung

Erster Entwurf des Pflichtenhefts:
[Aufbau des Pflichtenhefts gleich wie beim Lastenheft]
Nr. / Qualitatsmerkmal / Sollwert / Annahmekriterium / Ruckweisungskriterium / Erfullungsnachweis

Qualitätsplandaten aus dem Lastenheft:

Tagliche Einschaltdauer : ....
Garantiedauer : ....
Garantiehaufigkeit : ....
Reparaturhaufigkeit : ....
Zu garantierende technische Daten : ....
Vergleichsdaten zum Wettbewerb : ....

Qualitätsplandaten im Pflichtenheft, abgeleitet aus dem Lastenheft

Lebensdauer (50 % UW) gemaß Protokoll XXX ....
Prufzeit im Zuverlassigkeitstest : ....
  Ausfallkriterien : ....
  Kriterien fur Verschleißausfalle : ....
  Annahmekriterien : ....
  Ruckweisungskriterien : ....
Annahme- und Ruckweisungskriterien in Qualitatsprufungen (bezuglich technische Daten)
Lastenheft siehe Dokument XYZ-xxx-91

Konkurrenzprodukte

Anwendungstest : ....
Zuverlassigkeitstest : ....
Zerlegen,
konstruktive, fertigungstechnische Analyse : ....

Referenzprodukte gemäß Lastenheft : ....
Referenzmuster 1 : ....
Referenzmuster 2 : ....

Erforderliche Prüf- und Testeinrichtungen : Vorhanden j/n ??
Anwendungstest : ....
....
....
Zuverlassigkeitstest : ....
....
....
Baugruppentest : ....
....
....

Schwerpunkte der Qualitätssicherungsaufwände:

Vorentwicklungsphase:

Versuchsträger Typ / Anzahl:
Versuchsträger-Testplan / Abschnitte .... des Pflichtenhefts
Prufstände / Prüfdauer:
Hand-Anwendungstest / Testdauer

Baumusterphase:

Baumuster / Anzahl:
Verfahrensversuche:
Baumustertestplan / Abschnitte .... des Pflichtenhefts
Prüfstände / Prüfdauer
Hand-Anwendungstest / Testdauer

Marktakzeptanztest:

Länder : ....
Anzahl Prüfmuster .. ..
Kundensegmente ....
Fragebogen . ...

Pflichtenheft-Review
Teilnehmer .... , ..., ..., ..., ... , . .. ,

Konstruktions-FMEA fur folgende Baugruppen / Detailfragen:

Baugruppe, Detailfrage	Teilnehmer	Aufwand

Simulationsrechnungen für folgende Baugruppen / Detailfragen:

-- ....
-- ....
-- ....

Baugruppentest:

-- ....
-- ....
-- ... .

Bewertung der Herstellverfahren

Verfahren	Standardverfahren	"Fast"-Spezial-Verfahren	Spezialverfahren

Überprüfung / Auswahl neuer Lieferanten

Produkt / Baugruppe / Bauteil			
Anforderungen an das Qualitatssystem des Lieferanten gemaß ISO . .			
Anforderungen an die Prozeßfahigkeit des Lieferanten fur folgende Merkmale			
Voraudit			
QIP-Konzept			
Lieferantenauswahl			

Prüftechnik entwickeln

Produkt, Bauteil			
Bearbeitung	Wer, bis wann ?	Wer, bis wann ?	Wer, bis wann ?
Prüfkonzept			
Investitionssumme, -antrag			
Design-Review des Prufstands			
Bau und Erprobung des Prüfstands			
Freigabe des Prüfstands			

Prototypenphase:

Prototypen / Anzahl (220 V, Sonderspannungen) :
Verfahrensversuche:
Protypen-Testplan / Gesamtes Pflichtenheft
Prüfstände / Prüfdauer
Hand-Anwendungstest / Testdauer

Freigabe von neuen Bauteilelieferanten:
Durch den Entwickler und durch die Qualitätskontrolle des verarbeitenden Werkes

Artikel-Bezeichnung				
Artikel-Nummer				
Anforderung an Q-System				
Anforderung an die Prozeßfahigkeit von				
Lieferant				
Freigabe durch				

Konstruktions-FMEA für folgende Baugruppen / Detailfragen

Baugruppe, Detailfrage	Teilnehmer	Aufwand

Simulationsrechnungen für folgende Baugruppen / Detailfragen:

--- ....
--- ....
--- ....

Baugruppentest:

-- ....
-- ....
-- ....

Statistische Tolerierung für folgende Maßketten / Funktionsmerkmale

--- . .. .
--- . ...
--- ....
--- ....

Prozeß-FMEA fur folgende Prozesse / Detailfragen:

Bauteil / Prozeß	Teilnehmer	Aufwand

Verpackungskonzept:

Inhalt pro Verpackungseinheit:
Anforderungen:
Schutz der Ware
Kennzeichnung
Kundeninformation

Zulassungsplanung:

Länder mit Zulassungspflicht:
Vorschriften.

Zulassung in Landern ohne Zulassungspflicht:
Vorschriften·

Prototypen-Markttest:

Testmarkte.
Kundensegmente·
Anzahl Muster:

Beurteilung der Reparaturfreundlichkeit:

Reparaturkosten / Zeiten
Prufmittel, Spezialwerkzeuge
Standardwerkzeuge
Austauschteile, -baugruppen
Austauschkriterien fur welche Baugruppen oder Bauteile erforderlich?
....

Prototypen-Review:

Teilnehmer · .. ., . , .. , , ... , ..

Entwurfsüberprüfungsphase

Muster/Anzahl (230 V / Sonderspannungen):
Test-Plan / Gesamtes Pflichtenheft
Hand-Anwendungstest
Prufung von technischen Daten
Zuverlassigkeitstest
Dokumentation
Prufprotokolle der Einzelteile, Merkmale festlegen,
Rucklagemuster, Zeichnungssatz, Spezifikationen von Produktionsmaterial
Ergebnisse der Tests und der FMEAs bewerten
Konzept fur Produktaudits

Review zur Entwurfsüberprüfung:

Teilnehmer .. , .. , , .. , ..., ., .

Nullserien-Phase

Verpackungstest

Nullserien-Test

Nullserien-Muster (Spannung / Anzahl)
Nullserien-Testplan / Gesamtes Lastenheft
Hand-Anwendungstest
Prufstandstest
Prufung der technischen Daten
Nullserien-Markttest (Planung analog zu Prototypen-Markttest)

Prozeßfähigkeitsnachweise

Welche Teile?
Welche Merkmale:

Aufzeichnungen der Musterinspektionen
Abschluß der Prozeß-FMEA
Montage-Review

Dokumentation

Dokumentation des Entwicklungsstandes (Zeichnungssatz)
Dokumentation des Fertigungsstandes (Arbeits- und Verfahrensanweisungen)
Qualitatssicherungsvereinbarungen fur Lieferanten wichtiger Zukaufteile
Freigabe der Technischen Dokumentation der Lieferanten
Spezifikationen

Software / Serviceware

Prospekt
Technische Datenblatter
Anwendungs-, Bedienungsanleitung
Interne Produktinformationen
Servicezeichnung + Ersatzteilstuckliste
Reparaturanweisungen
Herstellung der Reparaturwerkzeuge

Produktaudits gemäß Produktaudit-Konzept

Anzahl Zerlegeprüfungen wahrend der Nullserie
Anzahl Zuverlassigkeitsprüfungen in Simulationstests
Prufgerate fur Produktaudit-Simulationstests freigeben

Konkurrenzvergleich:
Anwendungstest + Zuverlässigkeitstest

Nullserien-Review

Teilnehmer: . , ..., .. ., ..., ..., ..., ...

Erstserienphase

Test von Erstserienmustern

Erstserien-Muster (Spannung / Anzahl)
Erstserien-Testplan / Gesamtes Pflichtenheft
Hand-Anwendungstest
Zuverlassigkeitstest
Prufung der technischen Daten

Prozeßfähigkeitsnachweise

Welche Teile?
Welche Merkmale?

Qualitätsaufzeichnungen der Erstserienmuster
Abschluß der Prozeß-FMEA
Montage-Review

Dokumentation:

Dokumentation des Entwicklungsstandes (Zeichnungssatz)
Dokumentation des Fertigungsstandes (Rücklagemuster)

Produktaudits : Anzahl Muster
Produktaudit-Konzept:
Anzahl Zerlegeprüfungen während der Erstserie

Prüfgeräte fur Produktaudit-Simulationstests freigeben

Planung für die Überwachung der Marktqualität:

Erfassung der Marktqualitätsdaten in folgenden Ländern einleiten:
......., ..., ...,
......, ..., ...

Erstserien-Review

Teilnehmer: .. .., ... , ..., ..., ..., . .. , ...

Markteinführungsphase

Erfassen der Marktqualitätsdaten in den geplanten Ländern.
....

Review zur Überprüfung der Ist-Qualität beim Kunden:

Teilnehmer: ....., ..., ..., ..., ..., ..., ...

Einleiten von Produktverbesserungsprogrammen, wenn nötig.

Anhang 5: Checkliste für eine Entwurfsüberprüfung

Projektspezifische Fragen, produktspezifische Fragen sind am Ende der Liste hinzuzufügen!

Liegt das Lastenheft vor?

Liegt ein Pflichtenheft vor?

Wurde das Lastenheft seit dem Lastenheft-Review geändert?
Neuer Index : Neues Datum :

Sind seit dem Lastenheft-Review Ergebnisse von Konkurrenztests im Lastenheft eingearbeitet worden?

Ist das Einsatzprofil im Lastenheft definiert?

Sind die Zuverlassigkeitsforderungen gemäß der Technischen Notiz Nr. 11 definiert?

Liegen die Ergebnisse des Markttests vor?

Liegt ein Versuchsplan von der Versuchsabteilung vor?

Ist dieser Versuchsplan freigegeben?

Liegt der gultige Zeichnungssatz vor?

Hat der Entwickler bestatigt, daß die Prototypen dem Zeichnungssatz und den Spezifikationen entsprechen und Kaufteile für die Prototypen beim ausgewahlten Lieferanten beschafft wurden?

Liegt eine Abweichungsliste vor?

Für welche Maßketten ist eine statistische. Tolerierung nötig?

Liegt diese statistische Tolerierung vor?

Ist die Merkmalsklassifikation gemacht?

Ist in den Stücklisten festgelegt, welche Lieferanten ohne Genehmigung durch die Entwicklung gewechselt werden durfen?

Liegt eine Liste der geplanten Änderungen von den Prototypen zur Serie vor?

Liegen die Versuchsberichte vor?

Werden die Anforderungen erfüllt?

Hat der Lieferant bestätigt, daß er die Kaufteile in erforderlicher Qualität herstellen kann?

Erfullt das Produkt die gesetzlichen Vorschriften bezüglich
- elektrischer Sicherheit, elektrischer Belastbarkeit
  Lärm, Vibration, Staub
- Entsorgung
- Arbeitsunfallsicherheit?

Können Einzelteile bei der Montage oder in der Service-Werkstatt mit eingefuhrten ähnlichen Teilen verwechselt werden?

Liegt eine Beurteilung des Geräts zur Reparaturfreundlichkeit vor?

Ist das Produkt fur Recycling leicht demontierbar?

Sind die Materialien wiederverwertbar?

Konnen Recyclingmaterialien verwendet werden?

Werden die Anforderungen des Lastenhefts vollstandig erfullt?

Wo nicht ? Liegt die Problemliste vor?

Sind die Korrekturmaßnahmen bei den nicht erfullten Forderungen definiert? Liste?

Kann die Serienreife bestatigt werden?

Sind Auflagen erforderlich?

Sind die Auflagen mit der Fertigung und mit den Lieferanten bezuglich Termin und Durchfuhrbarkeit abgestimmt?

Ist der Entwickler vom Erfolg der definierten Auflagen uberzeugt?
Ist das Referenzmuster abgelegt?

Liegt die Freigabe fur die Verpackung vor?

Werden sortenreine Verpackungsmaterialien verwendet?

Hier sind produktspezifische Fragen noch zu erganzen!

Checkliste für ein Nullserien-Review:

Ist das Design-Review abgeschlossen?

Pflichtenheft gegenuber dem Design-Review geandert?
Neuer Index: Neues Datum.

Protokoll des Entwurfs-Reviews vorliegend?

Ergebnisse des Nachtests vorliegend?

Ergebnisse des Markttests vorliegend?

Auflagenliste des Design Reviews am Ende der Nullserie vollstandig?
Es fehlt.

Artikel-Nr fur das Produkt festgelegt?

Sind die Zeichnungen serienreif gemacht und vom Entwickler freigegeben?

Sind eigene Konstruktionszeichnungen geplant?

Liegt die Marktstuckliste vor?

Liegt die Konstruktionsstuckliste vor?

Liegt die Ersatzteilstuckliste vor?

Sind die Qualitatssicherungsvereinbarungen erledigt?

Liegt das Reparaturkonzept vor?

Liegt die Servicezeichnung vor?

Liegen die Zeichnungen der neuen Reparaturwerkzeuge und die Reparaturanweisung vor?

Sind die Serviceunterlagen von der Entwicklung genehmigt?

Sind die technischen Daten von der Entwicklung genehmigt?

Ist die Bedienungsanleitung vom Entwickler und von der Rechtsabteilung genehmigt?

Auflagen aus dem Design-Review erledigt?

Auflagen aus der Zulassung erfullt?

Ergebnisse der Musterinspektion, des Montagereviews und der Prozessfähigkeitsanalysen der Nullserie vorliegend?

Prufanweisungen, Prufplane vorliegend?

Reparaturwerkzeuge vorliegend?

Liegt die Zulassung vor?

Ergebnisse des Nullserien-Tests vorliegend?

Verpackungstest erledigt?

Rucklagemuster abgelegt?

Anweisung fur die Endprufung genehmigt ?

Anhang 6: Produkt-orientierte Fragen einer Checkliste zur Entwurfsüberprüfung (auszugsweise).

Beispiel : Elektronisches Meßgerät

Index	Frage			Detaillierte Antwort oder **Maßnahme**
15	Sind Sicherheitsprobleme zu erwarten? Darf es in das Flugzeug mitgenommen werden? Feldstarke < xx mTesla im Gerat, in 10 cm Entfernung x mTesla			**Ruckfrage bei einer Fluggesellschaft**
18	Sind Herstellungs- oder Beschaffungsprobleme zu erwarten?			**Lieferbereitschaft des Sensors bei XXXXX absichern.**
21	Sind alle denkbaren Werkstoffvarianten von Armierungseisen gepruft worden?			
25	Wurde der Klimatest 1 bestanden?			
29	Ist fur die Position der Sensoren die statistische Tolerierung durchgefuhrt?			
30	Konnen die Toleranzen eingehalten werden?			
33	Ist die Merkmalsklassifikation abgeschlossen?			
35	Ist in der Stuckliste festgelegt, bei welchen Teilen der Lieferant nur mit der Genehmigung der Entwicklung gewechselt werden darf?			
41	Erfullt der Prototyp die Anforderungen des Pflichtenhefts?			
42	Welche Beanspruchungen wurden als worst-case in Entwurf und Test berucksichtigt?			
43	Wie sind Umweltbelastungen vom Entwickler berucksichtigt worden?			
48	Konnen Einzelteile bei der Montage oder in der Servicewerkstatt mit eingefuhrten ahnlichen Teilen verwechselt werden?			
50	Liegt das Reparaturkonzept vor?			
51	Ist das Produkt bezuglich Reparaturfreundlichkeit beurteilt worden?			
53	Sind alle elektronischen Bauteile gemaß MIL-Standard klassifiziert?			
54	Ist die MTBF berechnet worden?			
55	War vor der FMEA die erste Stufe einer Fehlerbaum-Analyse durchgefuhrt worden, um alle moglichen Fehler zu finden?			

Index	Frage			Antwort oder **Maßnahme**
57	Kann das eingebaute Diagnosesystem alle wichtigen Fehler erkennen?			
61	Sind fur die Gehause zugelassene Kunststoffe ausgewahlt worden?			
62	Erfullt die Schlagfestigkeit des Gehauses die Anforderungen von UL 45?			
63	Halt die Rechenzeit die Anforderungen des Lastenhefts ein?			
64	Wie lange reicht die Pufferbatterie?			
65	Wie reagiert das Gerat, wenn wahrend des Kalibrierens, wahrend einer Messung, wahrend der Auswertung die Batterie leer wird, d h die Batteriespannung unter den Grenzwert abgefallen ist?			
66	Wie lange ist die Betriebszeit mit einer Batterie?			
67	Erfullt das Gerat die Anforderungen im Falltest im verpackten Zustand?			
68	Brechen die Sensoren und Antennen im Falltest?			

Anhang 7: Prüfplanungsrichtlinie in Matrix-Form

Prufscharfe		Merkmalsklassifikation		
Prufart	Prufaufwand	Kritisches Merkmal	Haupt-Merkmal	Neben-Merkmal
attributiv	nieder	100 % *)	AQL = 0,4	AQL = 1,0
	mittel	100 % *)	AQL = 0,8	AQL = 2,0
	hoch	100 % *)	AQL = 1,6	AQL = 4,0
	zerstorend		AQL =	AQL =
messend	nieder	100 % *)	AQL = 0,4	AQL = 1,0
	mittel	100 % *)	AQL = 0,8	AQL = 2,0
	hoch	100 % *)	AQL = 1,6	AQL = 4,0
	zerstorend		AQL =	AQL =
Prufmittel		Mußforderung messendes Prufmittel	Sollforderung messendes Prufmittel	Gut- Schlecht-Prufmittel oder Funktionslehren
Prufniveau		100 % oder nach ISO 3951	Prufniveau II, S4, S2	Prufniveau I, S1 , S3
Prufdynamisierung nach		ISO 3951	ISO 2859 Teil 2	ISO 2859 Teil 2
Skip-Lot nach .		nein	ISO 2859 Teil 3	ISO 2859 Teil 3
Sonderfreigaben		nein	durch Entwickler	durch Werkskontrolleiter
Prozeßfahigkeit Maschinenfahigkeit		> 1,33 > 1,67	> 1,0 > 1,33	---- ----
Qualitatsaufzeichnungen		Ist-Werte einzeln und verdichtet	Ist-Werte verdichtet	keine Ist-Werte
Ruckverfolgbarkeit von der Seriennummer bis		Material-Eingangsprufung	Teile-Endprufung	Montageauftrag
Intervall in der Prufmittel-uberwachung		vierteljahrlich	halbjahrlich	jahrlich

*) Stichprobenprufung zulassig, wenn Prozeßfahigkeit nachgewiesen mit $Cpk \geq 1,33$
Bei attributiver Prufung muß die Stichprobenvorschrift lauten c/0

Anhang 8: Einfache Prozeß-Regelkarte aus einer Fließfertigung von Schrauben

CONTROLE QUALITE SECTEUR FORMING

MACHINE No :		LUNDI								MARDI								MERCREDI								JEUDI								VENDREDI								SAM		
SEMAINE No :		6	9	12	15	18	21	24	3	6	9	12	15	18	21	24	3	6	9	12	15	18	21	24	3	6	9	12	15	18	21	24	3	6	9	12	15	18	21	24	3	6	9	12
Contrôle Visuel ébauche	Bon																																											
	Juste																																											
	Mauvais																																											
Tenue au gabarit	Bon																																											
	Juste																																											
	Mauvais																																											
Longueur de l'ébauche forming	+0,2																																											
	+0,15																																											
	+0,10																																											
	+0,05																																											
	0																																											
	−0,05																																											
	−0,10																																											
	−0,15																																											
	−0,2																																											
		6	9	12	15	18	21	24	3	6	9	12	15	18	21	24	3	6	9	12	15	18	21	24	3	6	9	12	15	18	21	24	3	6	9	12	15	18	21	24	3	6	9	12
Largeur du foret (cote D)	+0,05																																											
	+0,04																																											
	+0,02																																											
	+0,01																																											
	0																																											
	−0,01																																											
	−0,02																																											
	−0,04																																											
	−0,05																																											
Ame du foret (cote Z)	+0,05																																											
	+0,04																																											
	+0,02																																											
	+0,01																																											
	0																																											
	−0,01																																											
	−0,02																																											
	−0,04																																											
	−0,05																																											
		6	9	12	15	18	21	24	3	6	9	12	15	18	21	24	3	6	9	12	15	18	21	24	3	6	9	12	15	18	21	24	3	6	9	12	15	18	21	24	3	6	9	12
		LUNDI								MARDI								MERCREDI								JEUDI								VENDREDI								SAM		
Dimensions ébauche 1																																												
Dimensions ébauche 2																																												

Anhang 9: Vertrauensbereiche von Reparaturhäufigkeiten

Mittlere Anzahl von Reparaturen	Vertrauensbereich, ± absolut, oder von ... bis			Vertrauensbereich, ± in %		
	α = 60 %	α = 80 %	α = 90 %	α = 60 %	α = 80 %	α = 90 %
1	0 1,3	0 2	0 2,3	------	------	------
2	0,3... 2,7	0 3,5	0 4	------	------	------
3	1 4	0,3 .. 5	0 5,8	------	------	------
4	1,8 ..5,3	1 6,3	0,7 ... 7	------	------	------
5	2,5 .. 6,5	1,8 .. 7,5	1,2 .. 8,7	------	------	------
10	± 2,7	± 4,1	± 5,2	± 26,6	± 40,8	± 52,2
20	± 3,8	± 5,8	± 7,4	± 18,8	± 28,9	± 36,9
50	± 5,9	± 9,1	± 11,7	± 11,9	± 18,2	± 23,3
100	± 8,4	± 12,9	± 16,5	± 8,4	± 12,9	± 16,5
150	± 10,3	± 15,8	± 20,2	± 6,9	± 10,5	± 13,5
200	± 11,9	± 18,2	± 23,3	± 5,9	± 9,1	± 11,7
300	± 14,6	± 22,3	± 28,6	± 4,9	± 7,5	± 9,5
400	± 16,8	± 25,8	± 33,0	± 4,2	± 6,5	± 8,3
500	± 18,8	± 28,9	± 36,9	± 3,8	± 5,8	± 7,4
700	± 22,2	± 34,1	± 43,7	± 3,2	± 4,9	± 6,2
1000	± 26,6	± 40,8	± 52,2	± 2,7	± 4,1	± 5,2

Anhang 10: Standard-Selbstauskunftsbogen(gekürzt)

1 Anschrift

Firma	
Postadresse	
Straße	
Land/Plz./Ort	
Bahnstation	
Telefon	
Telefax	
Telex	

2 Organisation

Grundungsjahr	
Vormals Firma	

Rechtsform	
Gesellschaftskapital	
Konzernzugehörigkeit	
Stellung im Unternehmensverb	
Zweigbetriebe	
Vertretung/Firma	
Gewerkschafts- Organisation	
Zuständigkeiten	
Geschäftsleitung	
Verkauf	
Produktion/Technik	
Qualitatssicherung	

Ist die Unternehmensstruktur in einem Organigramm beschrieben?

Ja	Nein

Wenn ja, bitte beilegen?

In welcher Sprache kann die Korrespondenz gefuhrt werden?

....

3 Lieferantencharakteristik

	19	19	19
Beschaftigte Verwaltung			
Entwicklung			
Fertigung			
Gesamtumsatz			
Exportanteil in %			
Investionen			

Haupterzeugnisse	Umsatz in %

Hauptabnehmer

Sind Sie bereit, jährlich uns den Geschäftsbericht zur Einsichtnahme vorzulegen?

Ja	Nein

Konditionen: Lieferung: ....

Zahlung: ....

4 Technologie

4.1 Welche Werkstoffe / Materialien in welchen Sorten, Formen, Dimensionen, nach welchen Normen verarbeiten Sie laufend?

4.2 Welche Werkstoffe konnen Sie außerdem noch verarbeiten?

4.3 Bei welchen Herstell-/Produktionsverfahren sehen Sie Ihre Starke?

4 4 Welche Herstell-/Produktionsverfahren setzen Sie sonst noch ein?

4.5 Über welche Maschinen und Anlagen, in welcher Ausfuhrung und mit welchen Leistungsdaten verfugen Sie?
Wenn Sie über eine Maschinenliste verfugen, so legen Sie diese bitte bei und geben Sie bitte bei den Maschinen das Beschaffungsjahr und das Herstellungsjahr an.

5 Technik

5.1 Verfugen Sie uber eigene Abteilungen fur

	Ja	Nein	Bemerkungen (Anzahl Personen)
- Entwicklung			
- Konstruktion			
- Werkzeugbau			
- Q-Sicherung/Kontrolle			

5 2 Fur welche Produktionsarten sind Ihre Fertigungsarten, sind Ihre Fertigungseinrichtungen ausgelegt?

	Ja	Nein	Losgroße
- Einzelfertigung			
- Serienfertigung			
- Großserien-/Massenfertigung			
- Montage			

5.3 In welchen Technologien glauben Sie, gegenuber der Konkurrenz führend zu sein?

... .
.. ..

5.4 Betreiben Sie eigene Produkt- und Verfahrensentwicklungen?

Ja	Nein

5.5 Fertigen Sie Produkte, die eine Zulassung/Fremdüberwachung erfordern?

Ja	Nein

Wenn ja, welche?

6 Kooperation

		Ja	Nein
6.1	Konnen Sie fur eine Zusammenarbeit mittelfristig genügend Kapazitat bereitstellen bzw. bei Bedarf weitere Kapazitaten aufbauen?		
6.2	Sind Sie bereit, ihre Neu- und Weiterentwicklungen uns anzubieten?		
6.3	Sind Sie grundsätzlich bereit, gemeinsam mit uns Entwicklung, Forschung, Wertanalyse und Erfahrungsaustausch zu betreiben?		
6 4	Sind Sie bereit, Losungsmoglichkeiten der EDV-Systeme zur wirtschaftlichen Datenkommunikation zu uberprufen und ggf umzusetzen?		
6.5	Sind Sie Ihrerseits bereit, auf Ihre Verkaufsbedingungen zu verzichten, wenn wir auf spezielle Einkaufsbedingungen verzichten?		

7 Logistik

		Ja	Nein
7 1	Ist Ihre Rohmaterial-Versorgung von wenigen Beschaffungsquellen abhangig?		
7.2	Ist Ihre Rohmaterial-Versorgung uber eine eigene Lagerhaltung gesichert?		
7.3	Verfugen Sie uber EDV-System fur die Produktionsplanung / Steuerung (PPS)?		
7.4	Haben Sie ausreichend eigene Lagermoglichkeiten fur Fertigprodukte?		
7 5	Haben Sie Erfahrung mit Anlieferungssystemen? Kanban Just-in-Time		
7.6	Sind Sie bereit, uns fur die jahrlichen / periodischen Preisfestlegungen die Lohn- und Materialkostenstruktur bekanntzugeben, mit dem Ziel, Kosten durch Rationalisierung und andere Maßnahmen zu minimieren?		

7.8 Wie wird in der Produktion generell gearbeitet?

	1-schichtig	. ..Std./Tag
	2-schichtig	.... Std./Tag
	3-schichtig	... .Std./Tag

8 Qualitätssicherung

		Ja	Nein
8.1	Verfugt Ihr Unternehmen/Produktionsbetrieb über ein formales Qualitatssystem?		
8.2	Können Sie uns das Qualitätshandbuch zur Verfügung stellen?		
8.3	Entspricht dieses QS-System international anerkannten Normen, wie z.B. ISO 9001, 9002, 9003 oder vergleichbaren Normen? Welchen?		
8.4	Gibt es in Ihrer Organisation einen Verantwortlichen für das Qualitätssystem?		
8.5	Ist für die Mitarbeiter des Qalitätsbereiches ein Aus- und Weiterbildungsprogramm vorhanden?		
8.6	Bestehen fur die Qualitätssicherung umfassende Prüfpläne?		
8.7	Werden die zugelieferten Materialien systematisch beim Wareneingang geprüft?		
8.8	Bestehen mit den Unter-/Vorlieferanten Qualitätssicherungsvereinbarungen?		
8.9	Erfolgt eine systematische Qualitatskontrolle während des Fertigungsprozesses zur Sicherstellung der Prozeßqualitat?		
8.10	Werden dafür systematische Fehlermöglichkeits-Analysen (FMEA) und statistische Prozeßüberwachungen (SPC) angewendet?		
8.11	Werden die fertigen Produkte einer Endprufung unterzogen?		
8.12	Werden alle Ergebnisse und Prüfdaten dokumentiert, ausgewertet und uns gegebenenfalls zur Verfugung gestellt?		
8.13	Werden die Prüfmittel systematisch überwacht?		
8.14	Werden in Ihrem Haus interne Qualitätsaudits durchgeführt?		
8.15	Sind Sie bereit, unseren fur die QS zuständigen Personen, im Sinne eines Q-Audits, nach Abstimmung Zutritt in jenen Bereichen zu gewähren, in denen unsere Produkte hergestellt, geprüft und gelagert werden?		

Anhang 11: Selbstauskunftsbogen, Anhang mit technischen Spezialfragen

Beispiel fur eine Anfrage bei Herstellern elektronischer Meßgeräte

Fragen bezüglich des Unternehmens:

1. Referenzlisten:
   a) Generell
   b) Referenzen uber Produkte, welche bezüglich Komplexitat, Zuverlassigkeitsanforderung, Genauigkeit mit Caeloscan vergleichbar sind?
2. Ist das Qualitats-System des Unternehmens nach ISO 9002 oder 9001 zertifiziert?
   Von welcher Organisation?

Fragen bezüglich Beschaffung:

1. Haben Sie bewahrte Unterlieferanten, welche in der Lage sind, die Bauteile / Baugruppen nach den spezifizierten Klassifikationen zu liefern?
2. Wie stellen Sie und der Unterlieferant sicher, daß die angelieferten Bauteile den Klassifikationen / Spezifikationen entsprechen?
3. Ist die Beschaffung der Bauteile / Baugruppen sichergestellt?
   Lieferbereitschaft / Lieferfrist ... heute?
   mittelfristig?
   langfristig bis zu 10 Jahre?
4. Bei welchen Bauteilen / Baugruppen erscheint die Beschaffbarkeit nach 2 / 5 / 10 Jahren gefahrdet?

Fragen bezüglich Fertigung und Prüfung:

1. Sind die Lotparameter festgelegt und durch eine Prozeß-FMEA uberpruft worden, bevor der Prozeß / die Anlage freigegeben wurden?
2. Ist das Verhaltnis Toleranz der Prozeßparameter / Regelgenauigkeit ausreichend?
3. Konnen Sie das Platinen-Layout verarbeiten bezuglich der Positioniergenauigkeit der Bauteile und der Lotmaterialmenge im Vergleich zu dem Lay-out auf der Platine?
4. Konnen Sie oder der Unterlieferant die Maß- und Lagetoleranzen der Antennen gemaß unseren Anforderungen einhalten?
5. Von welchen Herstellern sind die wichtigsten Produktions- und Prufanlagen? Baujahr?
6. Sind Anlagen fur Burn-in von Baugruppen oder Bauteilen vorhanden?
7. Konnen Zwischenprufungen von Baugruppen und Endprufungen gemaß den beigelegten Anforderungen der Entwicklung durchgefuhrt werden?
8. Konnen die fertigen Gerate gemaß den Anforderungen kalibriert werden?
9. Konnen Baugruppen-Reparaturen vorgenommen werden?

Anhang 12:
Beispiel einer Qualitätssicherungs-Vereinbarung für ship-to-stock-Lieferungen für ein Anforderungsniveau zwischen ISO 9003 und ISO 9002

QUALITÄTSSICHERUNGSVEREINBARUNG für ship-to-stock-Lieferungen
Anhang x zu Liefervertrag ....(Lieferanten-Nr.)

Lieferant:	....	Lieferanten-Nr.	: .. ..
	... .	Ausgeber	· . . . . . .
(PLZ) -	.. ..	Ausgabedatum	: .....

A Zweck

Diese Qualitätssicherungsvereinbarung regelt die qualitätssichernden Maßnahmen zwischen der XXX AG und dem Lieferanten.

Sie bezweckt, die geforderte Qualität mit hoher Sicherheit bei minimalen Kosten zu erreichen. Daher soll bei Eingang der Ware bei XXX oder bei den XXX-Verkaufsorganisationen eine technische Eingangsprüfung überflüssig sein und nur überpruft werden, ob die richtigen Waren (gemäß Lieferschein / Bestellung) in der richtigen Menge ohne Transportschäden geliefert wurden.

B Geltungsbereich

Diese Qualitätssicherungsvereinbarung (QSV) gilt für alle Lieferungen und für alle Vertragsprodukte gemäß Anhang 1 des Liefervertrags, unabhängig vom Empfänger.

C. Kontaktstellen

Siehe Anlage 1 zu der QSV

D. Inkraftsetzung

Die vorliegende QSV wurden in gegenseitiger Absprache zwischen XXX und dem Lieferanten erarbeitet und ist ab dem Unterschriftsdatum verbindlich. Sie ersetzt ab diesem Datum die vorangegangene QSV.

....	XXX AG
. ..., den	...., den ....

E Inhaltsverzeichnis der QSV

1. Zuständigkeiten und Regelungen fur die technische Dokumentation
2. Anforderungen an das Qualitätssystem des Lieferanten
3. Qualitätslenkung
4. Prufplane und Prüfanweisungen
5. Zeichnungsfreigabe / Rucklagemuster
6 Qualitätssicherung von zugekauften Teilen und Material
7 Unterlieferanten
8. Kennzeichnung der Herstell- / Lieferlose
9. Änderungen / Ausfallmusterprufungen
10. Qualitatsprufungen
11. Sonderfreigaben
12 Eingangsprufung bei XXX
13 Audits
14 Zulassungen

F. Inhalt der Qualitatssicherungsvereinbarung

1. Zustandigkeit und Regeln für die technische Dokumentation

Dokument	Zustandigkeit (Erstellen und Andern)
Spezifikation	XXX-1
Landerausrüstungen	XXX-2
Konstruktions-Zeichnungen und Lieferanten-Stucklisten mit Nummer, Index, Datum	Lieferant
Servicezeichnung, Ersatzteil-Stuckliste	XXX-3
Spezifikation der Verpackung	XXX-4

Alle Merkmale (Maße, Harte usw) sind zu klassifizieren und auf den Zeichnungen zu kennzeichnen gemäß XXX-Norm xxxx.

In samtliche Zeichnungen und Spezifikationen von Zukaufteilen wird XXX Einblick gewahrt

2. Anforderungen an das Qualitatssystem

Der Lieferant verpflichtet sich, ein Qualitatssystem anzuwenden und instand zu halten, das zuverlassig sicherstellt, daß nur solche Produkte ausgeliefert werden,

- welche die Spezifikation erfullen,
- fur welche Sonderfreigaben seitens XXX vorliegen, oder
- fur welche positive Ergebnisse von XXX-Abnahmeprufungen vor Ort vorliegen.

Dieses Qualitatssystem muß mindestens die Qualitatssystemnorm ISO 9003 und folgende Zusatzforderungen aus ISO 9002 erfullen:

- Verantwortung der Geschaftsleitung

o Die Geschaftsleitung muß ihre Q-Politik, ihre Zielsetzungen und ihre Verpflichtung zur Qualitat festlegen und dokumentieren
o Fur Schlusselstellen, welchen die Qualitat beeinflussen konnen, mussen Regelungen in Bezug auf Verantwortung, Befugnisse, gegenseitige Beziehungen festgelegt sein. Z.B in einer Funktionsmatrix.
o Fur Schlusselstellen mussen Vertreter benannt sein.
o Die Geschaftsleitung ist verantwortlich, daß das gesamte Personal ausreichend ausgebildet ist

- Qualitatssystem

o Fur folgende wichtige Elemente mussen Qualitatssicherungsvorschriften erstellt und angewendet werden:
Freigabeablaufe in der Wareneingangsprufung
. Freigabeablaufe in der Endprufung
.. Freigabeablaufe von Spezialprozessen
. .. Freigabeablaufe von Korrekturmaßnahmen
Freigabeablaufe von Sonderfreigaben
Freigabeablaufe von neuen Lieferanten
Freigabeablaufe von neuen oder geänderten Spritz- und Preßwerkzeugen
o Werksprufzeugnisse von Unterlieferanten sind stichprobenweise durch Gegenprufung zu uberprufen
o Kalibrierung der Meßmittel in der Endprufung und in den Spezialprozessen
o Die Spezialprozesse sind in den Spezifikationen der Produkte definiert.

3. Qualitatslenkung

Der Lieferant stellt sicher, daß die an XXX gelieferten Produkte die Spezifikationen vollstandig erfullen, und erstellt einen Gesamtprufplan, welcher alle Eingangsprufungen von Rohmaterialien, zugekauften Einzelteilen, Zwischenprufungen, Endprufungen der Eigenfertigungsteile und Endprufungen der fertigen Produkte tabellarisch oder in Schlagworten enthalt. Dieser Gesamtprufplan muß auch Maßnahmen gegen Material- und Bauteilverwechslungen enthalten und ist XXX zur Genehmigung vorzulegen.

Nachtragliche Anderungen dieses Gesamtprufplans sind vor Einfuhrung bei dem Lieferanten durch XXX zu genehmigen.

4. Prufplane und Prufanweisungen

Der Lieferant erstellt fur alle Prufungen (auch fur Selbstprufungen) Prufplane und Prüfanweisungen, basierend auf der Merkmalsklassifikation gemaß XXX-Norm xxxx, welche

- Prufmerkmale
- Prufscharfe / -intervalle
- Prufverfahren
- Prüfmittel
- Stichprobenumfang
- Art und Umfang der Aufzeichnung der Prufergebnisse festlegen

Die Anweisung fur die Produkte-Endprufungen sind XXX zur Genehmigung vorzulegen.

5. Zeichnungsfreigabe / Rucklagemuster

Zur Dokumentation des Entwicklungs- und Serienstandes vor Start der Erstserie stellt der Lieferant drei Zeichnungssatze zur Uberprufung und Freigabe zur Verfugung Zwei Zeichnungssatze mit "Freigabestempel XXX" werden bei XXX hinterlegt, der dritte Zeichnungssatz beim Lieferanten. Außerdem stellt der Lieferant von jedem Vertragsprodukt (ausgenommen Spannungsvarianten) ein Rucklagemuster zur Verfugung, welches dem Stand der Erstserie entspricht

6. Qualitatssicherung von zugekauften Rohmaterialien und Einzelteilen

Der Lieferant ist fur die Sicherung der Qualitat des fur XXX eingesetzten Rohmaterials und der fur XXX zugekauften Einzelteile verantwortlich Er entscheidet, ob die Eingangsprufungen durch Prufbescheinigungen erganzt werden sollen oder nicht Dabei ist die Vertrauenswurdigkeit dieser Dokumente - beispielsweise durch Au dits - zu uberwachen.

Sensible Rohmaterialien und sensible Einzelteile sind nach Chargen getrennt zu lagern und nach dem Prinzip "First in, first out" zu verarbeiten. Deren Qualitat ist zusatzlich durch QSV mit den Unterlieferanten abzusichern. Ferner ist deren Los-Nr auf den Produktions- und Montageauftragen festzuhalten

Als "sensible Einzelteile" werden die .... Art.-Nr. ... . eingestuft

7 Unterlieferanten

Der Lieferant stellt sicher, daß seine Unterlieferanten geeignete qualitatslenkende Maßnahmen treffen, damit die Qualitat der an XXX zu liefernden Produkte den Anforderungen entspricht. Insbesondere stellt der Lieferant sicher, daß die Unterlieferanten uber geeignete Verfahrensvorschriften und Prüfplane verfügen und diese auch einhalten. Zu diesem Zweck fuhrt der Lieferant systematisch Inspektionen oder Audits vor Ort durch

8. Kennzeichnung

Artikelbenennung, XXX-Artikel-Nr., Fertigungscharge oder -datum auf Verpackung und Lieferschein.
Mehrere Lose in einer Lieferung sind getrennt verpackt anzuliefern und auf dem Lieferschein getrennt anzufuhren

In den Lagern, in der Fertigung und in der Montage sind alle für XXX gefertigten, gelagerten Materialien, Teile, Baugruppen und Produkte als ship-to-stock-Ware zu kennzeichnen durch ein mindestens 140 x 200 mm großes gelbes STS-Schild.

9 Anderungen / Ausfallmusterprüfungen

In folgenden Fällen mussen vor dem Produktionsstart Ausfallmuster erstellt und gepruft werden

- Konstruktive oder verfahrenstechnische Anderungen, welche die Handhabung, Zuverlassigkeit, die Kompatibilität mit anderen Systemkomponenten (z B. ... .) beeinflussen konnten,
- ohne Meßgerat feststellbare Änderungen an den Produkten und den Einzelteilen
- neue Unterlieferanten sensibler Teile gemäß Abschnitt 6.

Diese Änderungen dürfen erst nach Genehmigung durch XXX umgesetzt werden. Über andere Änderungen braucht der Lieferant nicht zu informieren. Es steht dem Lieferanten aber frei, auch in anderen Fallen Ausfallmuster XXX vorzulegen. Im Falle von Ausfallmusterprüfungen führt der Lieferant eine Vorprüfung durch, dokumentiert die festgestellten Ergebnisse und schickt die Ausfallmuster mit dem Ausfallmusterprufbericht an XXX zur Genehmigung oder Stellungnahme.

Nach der Genehmigung durch XXX führt der Lieferant die Änderung durch und teilt den Umsetzungstermin, Lieferdatum oder Serien-Nummer mit, ab welcher die Änderung umgesetzt ist Konstruktive Änderungen sind bei den Kontaktpersonen zu beantragen unter Verwendung des Formulars Zeichnungs-Änderungs-Antrag. Neue und geänderte Spritz- oder Preßwerkzeuge durfen erst nach einer dokumentierten internen Freigabe eingesetzt werden.

10. Qualitätsaufzeichnungen

Der Lieferant hält Prufergebnisse in Prüfprotokollen, Qualitatsregelkarten, Statistiken, Fehlersammelkarten fest. Bei Bedarf oder bei Audits gewährt er der Fa. XXX Einblick in diese Aufzeichnungen und stellt Kopien oder Auszüge zur Verfügung.

Die Daten zu Hauptmerkmalen mussen mindestens x Jahre, Daten zu kritischen Merkmalen mussen mindestens 12 Jahre aufbewahrt werden.

11 Sonderfreigaben

Wenn in Lieferungen Fehler an Erzeugnissen festgestellt werden, welche diese fur ihren Verwendungszweck nicht offensichtlich unbrauchbar machen, kann der Lieferant beim Qualitatsbereich von XXX eine Sonderfreigabe beantragen. Der Antrag muß die Los-Nr , die Fehlerart und den Fehlerumfang enthalten. Bis zur Entscheidung des Q-Bereichs sind die betroffenen Lose eindeutig zu kennzeichnen, eine Auslieferung darf nicht erfolgen

Die XXX AG als Abnehmerin verpflichtet sich in beiderseitigem Interesse, eingegangene Sonderfreigebeantrage ohne Verzogerung zu behandeln und die Entscheidung dem Antragsteller umgehend schriftlich bekanntzugeben. Bei Abwesenheit der in Anlage 1 genannten Kontaktperson ist der Stellvertreter gemaß Anlage 1 anzusprechen.

12. Eingangsprufung bei XXX

Gleichgultig, ob die Lieferung an die XXX AG oder an Verkaufsorganisationen von XXX erfolgt, wird keine technische Eingangsprufung vorgenommen. Die eingehenden Lieferungen werden nur bezuglich

- Identitat
- Menge
- Transportschaden

uberpruft

13 Qualitatsaudit

Mit Bezug auf die Anforderungen an das Q-System ist XXX berechtigt, kombinierte Verfahrens-System-Audits oder Produktaudits durch XXX-Mitarbeiter oder durch neutrale Sachverstandige durchzufuhren. Dem Auditor ist der Zugang zu den Fertigungs- und Prufeinrichtungen zu gestatten. Bei Bedarf werden vorhandene Prufeinrichtungen zur Verfugung gestellt und Einblick in die Qualitatsaufzeichnungen gewährt Im Auditvorgesprach werden Termine und Maßnahmen zur Sicherung des Lieferanten-Know-hows festgelegt.

14 Zusatzforderungen betreffend zulassungspflichtige Produkte

Der Lieferant kennzeichnet auf Zeichnungen, in Spezifikationen und in Stucklisten die zulassungsrelevanten Teile und Merkmale Wenn Zeichnungsanderungsantrage zulassungsrelevante Teile oder Merkmale betreffen, so sind diese Antrage als zulassungsrelevant zu kennzeichnen.

Anhang 13: Zuverlässigkeitsprogramme für die einzelnen Projektphasen

Zuverlässigkeitsprogramm der Entwicklungsphase

Lfd. Nr	Aktivitaten	Lieferant	Kunde
1	House of Quality erstellen (Siehe Abschnitt 3.7): Die QFD-Matrix 1 mit den Kundenanforderungen und die techn Anforderungen an das Produkt Die QFD-Matrix 2 enthaltend die Technischen Anforderungen an das Produkt und die Anforderungen an die Baugruppen des Produkts	**A**	**A**
2	Pflichtenheft (Technische Anforderungen) und Versuchsplan von 1 ableiten	**A**	**F**
3	Versuchseinrichtungen konzipieren, erstellen, erproben auf der Basis von Matrix 1 und 2	**A**	**F**
4	QFD-Matrizen 3-1 bis 3-n enthaltend die Anforderungen an die Baugruppen 1 bis n und die Anforderungen an ihre Bauteile	**A**	
5	Aus den QFD-Matrizen 2 und 3-1 bis 3-n erforderliche Konstruktions-FMEAs ableiten	**A**	
6	Aus den QFD-Matrizen 3-1 bis 3-n die Anforderungen an die Bauteile 1 bis m ableiten und in die Matrizen 4-1 bis 4-m eintragen	**A**	
7	Aufgrund der Anforderungen in den Matrizen 4-1 bis 4-m das Produkt und die Einzelteile konstruieren / spezifizieren	**A**	
8	Aus den Matrizen 4-1 bis 4-m und aus dem ersten Entwurf des Produkts das Fertigungskonzept der Bauteile 1 bis m ableiten und in die Matrizen 5-1 bis 5-m eintragen. Weiters das Prufkonzept der Bauteile erstellen und in die Matrizen 6-1 bis 6-m eintragen Merkmale der Bauteile und Baugruppen klassifizieren.	**A**	
9	Entwurfs-Review durchfuhren Risiken beurteilen, das Ziel nicht zu erreichen.	**A, K**	**A**
10	Für die Herstellung der Prototypen den gültigen Satz Zeichnungen und die gültigen Spezifikationen zusammenstellen, die Prototypen herstellen und ihre Abweichungen gegenüber dem Soll festhalten	**A**	
11	Prototypen erproben, die Ergebnisse zusammenstellen, Austauschkriterien für Ersatzteile festlegen	**A**	
12	Design-Review als Entscheidungsgrundlage für den Meilenstein "Freigabe der Nullserien-Fertigung"	**A**	**A**

Zuverlässigkeitsprogramm der Nullserien-Phase

Lfd. Nr.	Aktivitaten	Lieferant	Kunde
1	Zeichnungen reif für die Nullserie machen und freigeben	**A**	
2	Operationspläne, Arbeitsanweisungen, Prozeßvorschriften und Prüfvorschriften gemäß den Vorgaben der QFD-Matrizen 5-1 bis 5-m und 6-1 bis 6-m erstellen Anweisung fur Produktendprüfung erstellen	**A** **A**	 **F**
3	Alle Korrekturmaßnahmen aufgrund der Prototypentests durchführen und abschließen	**A**	
4	Nullserie unter den geplanten Serienbedingungen fertigen, Musterinspektionen, Prozeßfahigkeitsanalysen durchführen	**A**	
5	Montage-Review durchfuhren, Nullserie montieren unter Serienbedingungen	**A**	
6	Alle Teile-Zwischen-/Endprufungen, Baugruppen- und Produktendprüfungen gemäß Planung seriengemaß durchfuhren	**A**	
7	Zuverlässigkeitstest der Null-Serienmuster planen und durchfuhren	**A**	
8	Prufanweisung für Produktaudits erstellen Produktaudits planen und durchfuhren, Referenzmuster ablegen	**A**	**A**
9	Bestätigungsaudit durchfuhren		**A**
10	Service- und Reparaturanleitungen erstellen	**A**	
11	Technische Daten und Bedienungsanleitung erstellen	**A**	
12	Zulassungen beantragen	**A**	
13	Nullserien-Review als Entscheidungsgrundlage fur den Meilenstein "Freigabe der Serien-Fertigung"	**A**	**A**

Bedeutung der Abkürzungen:

A = Ausführen
F = Freigeben

Zuverlässigkeitsprogramm in der Serienphase

Lfd. Nr.	Aktivitaten	Lieferant	Kunde
1	Zeichnungen serienreif machen und freigeben	**A**	
2	Garantieausschlußkriterien erstellen	**A**	**A**
3	Korrekturmaßnahmen aus der Nullserie durchfuhren	**A**	
4	Zuverlassigkeitstest mit Erstserienmustern planen und durchfuhren	**A**	
5	Referenzmuster ablegen	**A**	**A**
6	Produktaudit durchfuhren	**A**	**A**
7	Erstserienreview durchfuhren	**A**	**A**
8	Fehlererfassung / Korrekturmaßnahmen	**A**	**A**
9	Reklamationsbearbeitung	**A**	**A**

Bedeutung der Abkurzungen:

A = Ausfuhren
F = Freigeben

Anhang 14: Inhaltsstruktur eines Angebots für einen Entwicklungsvertrag für ein elektronisches Meßsystem bestehend aus einem Aufnehmer und einem Meßverstärker mit Anzeige

1 Zusammenfassung

2 Kundenanforderungen
- 2.1 Das Produkt
- 2.2 Bisherige Entwicklung des Auftraggebers
- 2.3 Grund fur die Ubergabe der Entwicklung

3 Entwicklungskonzept

4 Arbeitsprogramm
- Phase 1 Konzeptverfeinerung
  - verbesserte Bedienbarkeit
  - zuverlassige Serienproduktion
- Phase 2 Produktdesign
- Phase 3 Prototypenentwicklung
- Phase 4 Produktion von 5 weiteren Prototypen
- Phase 5 Markttest, Labortests
- Phase 6 Herstellung einer Nullserie von 5 Stuck
- Phase 7 Unterstutzung fur 20 Vorseriengerate
  - Phasenweise: Schlusselaufgaben beschreiben
    - Ergebnisse strukturieren

5 Kosten und Zeitplane (phasenweise)
- Manntage / Projektdauer in Wochen / Kosten Lohn / Material
- Werkzeugkosten, Alternativen je nach Fertigungsverfahren

Chancen zur Verkurzung der Projektdurchlaufzeit

6 Vorschlag fur Projektorganisation
- Projektteam Entwickler
- Projektteam Kunde

7 Risikomanagement
- Welche Baugruppen haben das hochste Entwicklungsrisiko?
- Wann werden sie bearbeitet?
- Laufende Uberwachung der Entwicklungskosten
- Laufende Uberarbeitung der Herstellkosten-Prognose
- Anwendung von QFD und FMEA

8 Qualitatssicherung
- Zertifikat uber ISO 9001? oder Gleichwertiges

Anhang A Technische Anforderungen. Lastenheft
- A1 Themen, die in Phase 1 behandelt werden
  - Alternativen zum Aufnehmer
  - Konzept fur den Aufbau von Aufnehmer und Meß- und Registriergerat
- A2 Themen, die in Phase 2 behandelt werden
  - Aufnehmertoleranzen, Signalaufbereitung, Selbsttest, Datenspeicherung
- A3 Umsetzung des Designs in Phase 3 und spater

Anhang B Details der Aufgaben und Schatzungen des Entwicklungsaufwands

Anhang C Schätzung der Herstellkosten

Anhang D Vom Kunden erforderliche Unterstutzung

Anhang E Projektziele, jeweils zum Abschluß der Phasen 1 bis 6

Anhang F Qualitätsplan

- Definition der Entwicklungsziele
- Projektdokumentation
- Produktsicherheit
- Geheimhaltung
- Umfang der Ergebnisdokumentation:
  - Zeichnungen, Schaltplane, Stucklisten, Versuchsberichte, Protokolle, Stromlaufplan, Verdrahtungsplan
- Inspektion der verwendeten Bauteile und Materialien
- Zwischenprüfungen beim Bau der Prototypen
- Angebot zur Teilnahme des Kunden bei Tests usw.

Anhang 15: Zwölf Leitsätze zur Qualität

Auszug aus Bosch-Zünder 2 /1990, Seite 3

1 Wir wollen zufriedene Kunden
Deshalb ist hohe Qualität unserer Erzeugnisse und unserer Dienstleistungen eines der obersten Unternehmensziele. Dies gilt auch für Leistungen, die unter unserem Namen im Handel und im Kundendienst erbracht werden.

2 Den Maßstab für unsere Qualität setzt der Kunde
Das Urteil des Kunden über unsere Erzeugnisse ist ausschlaggebend.

3 Als Qualitätsziel gilt immer "Null Fehler" oder "100 % richtig".

4 Unsere Kunden beurteilen nicht nur die Qualität unserer Erzeugnisse, sondern auch unserer Dienstleistungen Lieferungen müssen immer pünktlich erfolgen.

5 Anfragen, Angebote, Muster, Reklamationen sind gründlich und zügig zu bearbeiten Zugesagte Termine müssen unbedingt eingehalten werden.

6 Jeder Mitarbeiter trägt an seinem Platz zur Verwirklichung unserer Qualitätsziele bei. Es ist deshalb Aufgabe eines jeden Mitarbeiters, vom Auszubildenden bis zum Geschäftsführer, einwandfreie Arbeit zu leisten. Wer ein Qualitätsrisiko erkennt und dies im Rahmen seiner Befugnisse nicht abstellen kann, ist verpflichtet, seinen Vorgesetzten unverzüglich zu unterrichten

7 Jede Arbeit sollte schon von Anfang an richtig ausgeführt werden. Das verbessert nicht nur die Qualität, sondern senkt auch unsere Kosten Qualität erhöht die Wirtschaftlichkeit.

8 Nicht nur die Fehler selbst, sondern die Ursachen von Fehlern müssen beseitigt werden Fehlervermeidung hat Vorrang vor Fehlerbeseitigung

9 Die Qualität unserer Erzeugnisse hängt auch von der Qualität der Zukaufteile ab Fordern Sie deshalb von den Zulieferern höchste Qualität und unterstützen Sie diese bei der Verfolgung der gemeinsamen Qualitätsziele.

10 Trotz größter Sorgfalt können dennoch gelegentlich Fehler auftreten Deshalb wurden zahlreiche erprobte Verfahren eingeführt, um Fehler rechtzeitig entdecken zu können Diese Methoden müssen mit der größten Konsequenz angewendet werden

11 Das Erreichen unserer Qualitätsziele ist eine wichtige Führungsaufgabe. Bei der Leistungsbeurteilung der Mitarbeiter erhält die Qualität der Arbeit besonderes Gewicht

12 Unsere Qualitätsrichtlinien sind bindend Zusätzliche Forderungen unserer Kunden müssen beachtet werden

Sachwort-Verzeichnis

Auf den **fett** gedruckten Seiten sind die Begriffe erklart oder definiert

Auf den **fett** gedruckten Seiten sind die Begriffe erklart oder definiert

Zuverlässigkeitsbewertung zukunftsorientierter Technologien

von Arno Meyna

1994 Ca. 220 Seiten (Qualitäts- und Zuverlässigkeitsmanagement, herausgegeben von Franz J. Brunner) Kartoniert.
ISBN 3-528-06548-6

Aus dem Inhalt Einleitung – Grundlagen der Zuverlässigkeitsbetrachtung – Probabilistische Verfahren zur quantitativen Zuverlässigkeitsbewertung (Fehlerbaumanalyse) – Die Fehler-Möglichkeits- und Einflußanalyse (FMEA) als qualitatives Verfahren zur Zuverlässigkeitsbewertung – Fehlerbetrachtung, Strukturanalysen und Redunanzprinzipien bei elektronischen Systemen – Zuverlässigkeit von speicherprogrammierbaren Steuerungen (SPS) für Automatisierungssysteme – Das Zuverlässigkeits- und Sicherheitskonzept der Verkehrsluftfahrt – Das Zuverlässigkeits- und Sicherheitskonzept des Schienenverkehrs – Zuverlässigkeits- und Sicherheitskonzept für elektrische Systeme im Kraftfahrzeug – Verkehrsleittechnische Systeme – Verfügbarkeitsanalyse für Fertigungsanlagen – Erfassung und Auswertung von empirischen Zuverlässigkeitsdaten – Zuverlässigkeitswachstum – Zuverlässigkeit und Software.

Über den Autor Arno Meyna ist Universitätsprofessor für Sicherheitstheorie und Sicherheitstechnik am Fachbereich Sicherheitstechnik der Bergischen Universität-GH-Wuppertal. Arbeitsgebiet: Technische Zuverlässigkeit, probabilistische Sicherheitsanalyse, Verkehrstechnik.

Verlag Vieweg · Postfach 58 29 · 65048 Wiesbaden

Prozeßsicherung in der mechanischen Fertigung

von Gerhard Kranich

1994 VIII, 146 Seiten mit 76 Abbildungen (Qualitäts- und Zuverlässigkeitsmanagement; herausgegeben von Franz J Brunner) Gebunden.
ISBN 3-528-06550-8

Die vorliegende Arbeit wendet sich zuerst an die Führungskräfte und an diejenigen Personen in Betrieben mit technisch-mechanischer Fertigung, die mit der Verbesserung von deren Zuverlässigkeit und Sicherheit betraut sind, aber auch an die Hersteller von Werkzeugmaschinen, Werkzeugen, Meßmitteln und deren Überwachungstechnik. Außerdem soll es Studierenden und Lehrbeauftragten technischer Hochschulen und Universitäten dazu dienen, sich Kenntnisse über die praktische Durchführung der Prozeßsicherheit systematisch anzueignen

Das Buch will eine Wissenslücke zwischen dem Stand der Technik moderner CNC-Werkzeugmaschinen, Werkzeugen, der Meß- und Sensortechnik einerseits und ihrer richtigen und rationellen Anwendung im Sinne einer prozeßsicheren Fertigung andererseits schließen Es entstand in der Summe der mehr als 30-jährigen Ingenieurtätigkeit des Autors bei der Entwicklung von Ausrüstungen für Drehautomaten und insbesondere von der Meß- und Sensortechnik und soll dem Anwender helfen, aus der Fülle der angebotenen Technik das für seine Bedingungen geeignete in seiner Fertigung einzusetzen

Über den Autor: Dr.-Ing. Gerhard Kranich ist pensioniert. In seiner über 30-jährigen Ingenieur-Tätigkeit befaßte er sich mit der Konstruktion von Werkzeugmaschinen und deren Ausrüstung (spez Drehautomaten), der Automatisierung von WZM und Sensortechnik an WZM

Verlag Vieweg · Postfach 58 29 · 65048 Wiesbaden

vieweg

GPSR Compliance

The European Union's (EU) General Product Safety Regulation (GPSR) is a set of rules that requires consumer products to be safe and our obligations to ensure this.

If you have any concerns about our products, you can contact us on ProductSafety@springernature.com

In case Publisher is established outside the EU, the EU authorized representative is:

Springer Nature Customer Service Center GmbH
Europaplatz 3
69115 Heidelberg, Germany

Zeitfracht Medien GmbH
Ferdinand-Jühlke-Straße 7
99095 Erfurt, Deutschland
produktsicherheit@kolibri360.de